De

L'ENSEIGNEMENT PRATIQUE

DE

L'AGRICULTURE,

pour former

LES AGENTS PRINCIPAUX DES EXPLOITATIONS RURALES,

PAR MICHEL GÉRARD,

ANCIEN ÉLÈVE DE ROVILLE, PRÉSIDENT DE LA SOCIÉTÉ D'AGRICULTURE ET MEMBRE
DU CONSEIL D'ARRONDISSEMENT DE CLERMONT (OISE).

PARIS,

MADAME Vᵉ HUZARD, IMPRIMEUR-LIBRAIRE,

RUE DE L'ÉPERON, Nº 7.

1839.

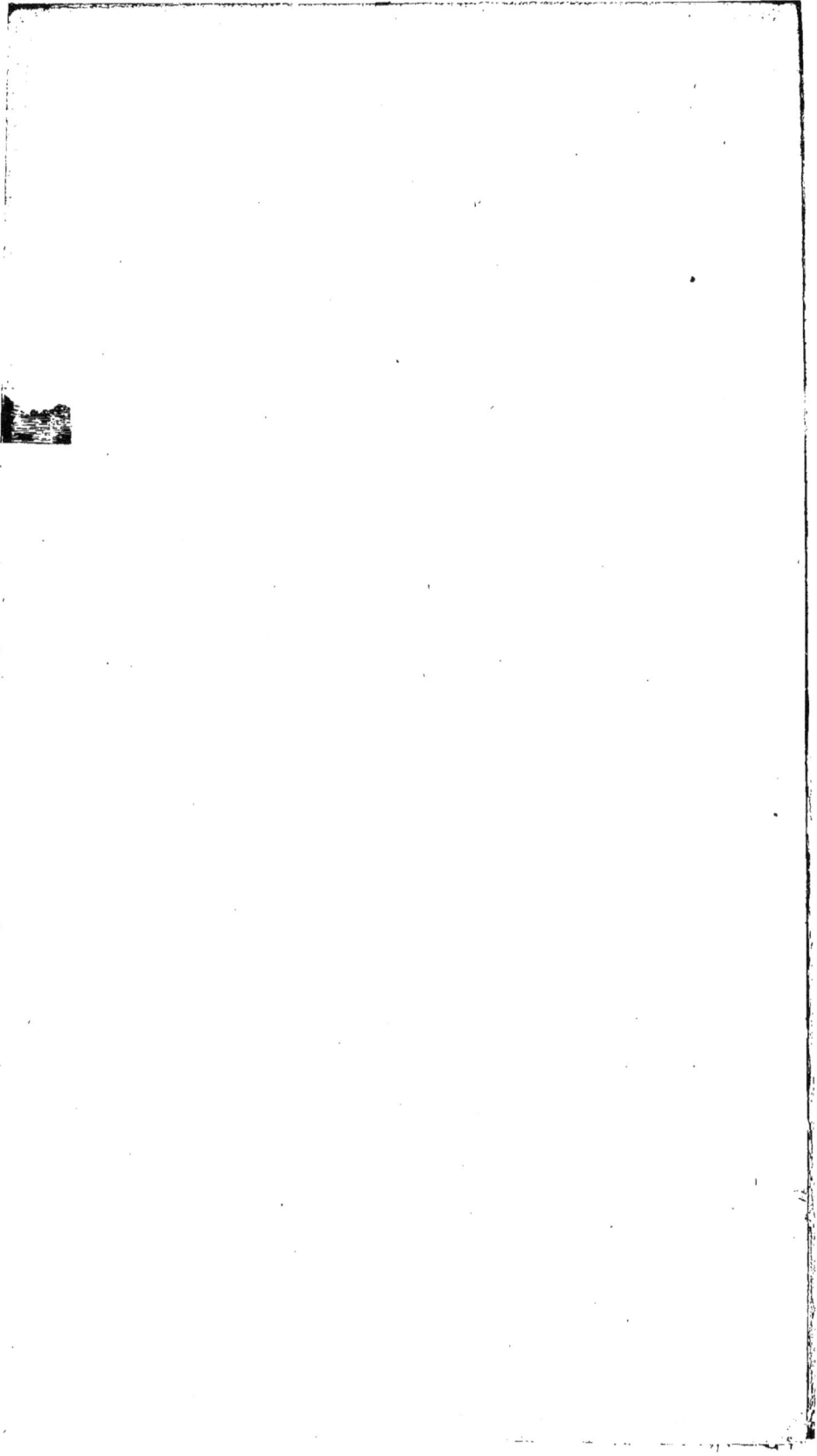

S

27635

DE

L'ENSEIGNEMENT PRATIQUE

DE L'AGRICULTURE.

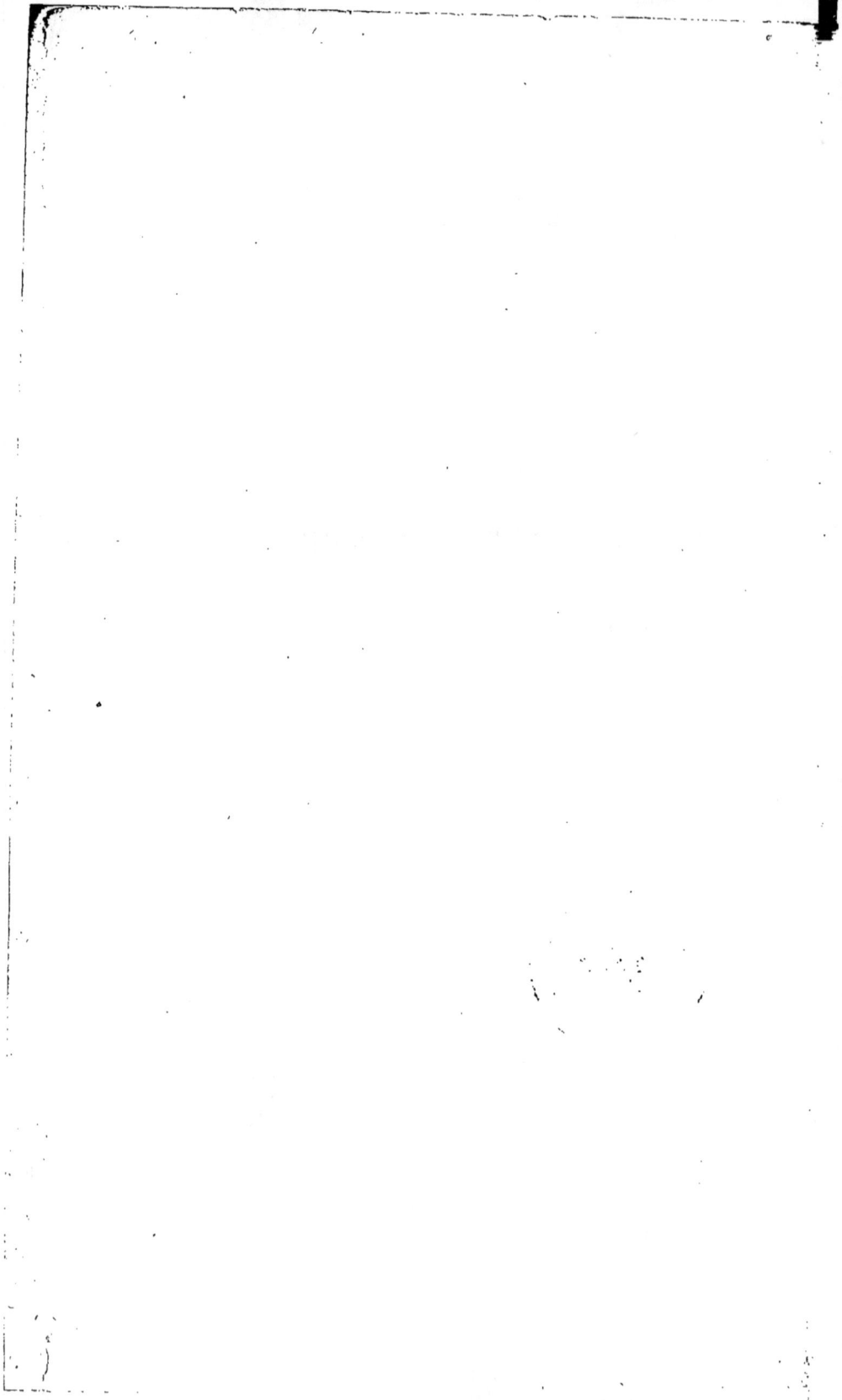

DE L'ENSEIGNEMENT PRATIQUE

DE L'AGRICULTURE,

POUR

FORMER LES AGENTS PRINCIPAUX

DES EXPLOITATIONS RURALES,

PAR

MICHEL GÉRARD,

ANCIEN ÉLÈVE DE ROVILLE, PRÉSIDENT DE LA SOCIÉTÉ D'AGRICULTURE ET MEMBRE
DU CONSEIL D'ARRONDISSEMENT DE CLERMONT (OISE).

PARIS.

IMPRIMERIE ET LIBRAIRIE DE MADAME Vᶜ HUZARD,
RUE DE L'ÉPERON, 7.

—

1839.

AVIS.

—

En publiant cet essai sur l'*Instruction intermédiaire de l'agriculture*, je le ferai précéder de deux réflexions :

1° On croira peut-être que je regarde la création de pareilles écoles comme de nécessité première pour l'agriculture et comme la marque certaine d'un grand progrès dans l'avenir: cela n'est pas. Je crois que cette fondation serait une chose bonne et utile en elle-même ; je la crois avantageuse pour ceux des cultivateurs qui désireraient s'adjoindre des contre-maîtres, mais je la crois plus encore dans l'intérêt de l'enfant qui serait soumis à l'éducation dont il s'agit que dans l'intérêt général de l'agriculture. Ici la question agricole et la question philanthropique marchent ensemble ; cette dernière question occupe même souvent une très-grande place dans les institutions de ce genre. Je constate ce fait, afin que chacun se mettant à mon point de départ comprenne mieux le but que je me suis proposé.

2° Les personnes qui me connaissent, comme ancien élève de Roville et comme cultivateur, pourraient aussi avoir l'idée que mon intention est de fonder chez moi une pareille école. Il n'en est rien ; je n'aspire pas à cet honneur. Il est vrai que dans un temps, il y a de cela trois ou quatre ans, j'avais eu la pensée d'un projet à peu près semblable : je l'avais même communiqué à plusieurs personnes, et notamment à M. de Dombasle, qui, toutes, m'avaient encouragé à le mettre à exécution ; mais, depuis, pour des raisons qui me sont tout à fait personnelles et qu'il est inutile d'exposer, j'y ai complétement renoncé. Aujourd'hui, j'ai voulu seulement utiliser à mon profit quelques soirées d'hiver, en traitant pour moi-même une question qui m'a paru intéressante ; et puis je me suis décidé à publier le résultat de mes recherches, voilà tout... Si l'idée est bonne, qu'un autre en profite, et d'ailleurs elle ne m'appartient même pas... Quant à moi, j'ai formulé une opinion, je n'ai pas fait un programme.

Blincourt, 10 mai 1839.

TABLE.

—

CHAPITRE PREMIER.

CHAPITRE II.

CHAPITRE III.

CHAPITRE IV.

CHAPITRE V.

CHAPITRE VI.

CHAPITRE VII.

—

DE L'INSTRUCTION INTERMÉDIAIRE

AGRICOLE.

CHAPITRE PREMIER.

DE LA NÉCESSITÉ ET DU CHOIX DES AGENTS AGRICOLES ET DE L'ABSENCE DES MOYENS PROPRES A LEUR DONNER UNE ÉDUCATION ANALOGUE A LEUR CONDITION.

Une vérité qu'on ne peut nier désormais, parce qu'elle porte avec elle ce cachet d'évidence que le temps seul imprime, c'est que l'agriculture actuelle, avec les plantes qu'elle a déjà introduites ou qu'elle cherche continuellement à introduire, soit dans la partie de l'assolement triennal qu'on appelle toujours *jachère,* quoique cette dénomination soit aujourd'hui devenue impropre, soit dans les assolements modernes ayant pour base l'alternat des céréales, exige non-seulement, comme on l'a dit tant de fois, des capitaux plus considérables et des connaissances plus étendues, mais aussi beaucoup plus de soins, une direction mieux appliquée, et, comme complément de cette direction, une surveillance de tous les

1

instants. Il est certain que l'unité des procédés de culture employés par nos pères, et l'harmonie, qui, dans leur assolement si facile et si simple, ne cessait jamais d'exister entre des opérations qui, se présentant toujours séparément et presque une à une, n'étaient pas enchevêtrées les unes dans les autres, devaient faire qu'alors chaque cultivateur suffisait pleinement à la direction comme à la surveillance des travaux tant intérieurs qu'extérieurs exécutés sur sa ferme. Mais ce qui autrefois se faisait ainsi ne peut plus avoir lieu aujourd'hui de même; car la force irrésistible des événements, l'expérience naturelle des faits, en améliorant les systèmes agricoles, a également influé sur les moyens d'action. Aussi voyons-nous que la plupart des cultivateurs sont obligés de se faire remplacer pendant leur absence, et même, eux présents, de se faire souvent aider, soit par leurs fils, ce qui sert à ceux-ci d'un excellent apprentissage, peut-être le meilleur de tous (*), soit par des agents particuliers et *ad hoc*, soit tout au moins par de simples ouvriers, intelli-

(*) En Allemagne, lorsqu'un jeune homme a terminé ses cours d'agriculture, son père fût-il cultivateur, ce n'est pas chez lui qu'il se livre à l'application ; c'est ordinairement dans une exploitation étrangère, où il passe plusieurs années avant de prendre un établissement à son compte. Cette méthode nous semble préférable à la nôtre, d'autant plus qu'elle ne l'exclut pas : rester deux ans chez un étranger, en qualité de contre-maître, et revenir ensuite dans sa famille pour y travailler sous les yeux et avec les conseils d'un père, sont deux moyens d'instruction pratique qui peuvent très-bien se combiner et dont on doit attendre le plus heureux effet.

gents et dévoués. Ce besoin réel et positif, qui certes n'est plus de luxe à présent, mais d'utilité première, surtout dans les grandes exploitations, se fait déjà vivement sentir, et se fera sentir plus vivement encore, à mesure que la culture des terres réalisera de nouveaux progrès.

Mais quelles sont les connaissances que ces agents doivent posséder, et quelle est la part d'influence qui doit leur être réservée dans l'administration de la ferme à laquelle ils sont attachés ?

Il y a deux choses bien distinctes, en agriculture, deux choses qu'il ne faut pas confondre, la direction et la surveillance. Le maître doit-il déléguer à la fois et la direction et la surveillance ? Doit-il, en se réservant la première, ne déléguer que la seconde ? Cette question appelle encore une distinction, et ne peut être véritablement résolue que par la position même du propriétaire.

Supposons qu'un homme riche, possesseur de vastes domaines et à la tête d'une brillante fortune, ait formé le dessein de faire cultiver à ses risques et périls une de ses terres ou d'améliorer un domaine encore vierge dont il aurait fait, par exemple, l'acquisition, dans l'espoir d'en augmenter considérablement la valeur foncière ; supposons même qu'il ne se livre à la culture que par amusement et par plaisir, ou peut-être encore par l'effet de cette vogue spontanée et subite, de cette mode de notre époque qui, depuis quelques années, porte beaucoup d'esprits

vers l'application des idées agricoles : si ce propriétaire, habitué à toutes les aisances de la vie, et
ne voulant pas renoncer au séjour des villes qu'il
habite une grande partie de l'année, ne réside que
pendant quelques mois sur les terres dont il a entrepris l'exploitation directe, ou si la nature de ses
autres occupations, si ses relations d'amitié ou de
famille l'obligent à s'éloigner de son domaine par
des absences plus ou moins longues, à coup sûr ce
propriétaire agirait avec sagesse en choisissant, pour
le placer à la tête de son entreprise, un autre lui-
même, un homme éclairé sur le dévouement et sur
la capacité duquel il pût compter, qui sût non-
seulement faire exécuter des ordres donnés, mais
aussi en donner à propos et de son chef, qui réunît
les connaissances de la direction et de la surveillance,
enfin qui possédât en même temps et l'art du
commandement et l'art de l'application, toutes choses
dont l'ensemble constitue la science de l'administration rurale. A cet agent, il y aura convenance,
nécessité même d'abandonner une autorité presque
absolue; et plus cette autorité sera grande, plus la
masse de ses connaissances devra être étendue et
variée. Or, cet agent où le trouver ? Nul doute que
ce soit dans une classe supérieure à la classe laborieuse : ce sera, par exemple, soit à Roville, soit à
Grignon; car dans ces utiles instituts, où la théorie
et la pratique enseignées simultanément, marchent
d'un pas égal, on ne voit pas seulement des fils de
propriétaires ou de cultivateurs, ou de jeunes pro-

priétaires eux-mêmes destinés à diriger pour eux des exploitations rurales ; on y voit aussi beaucoup de jeunes sujets ; qui, sans avoir l'espoir de former des établissements pour leur propre compte, viennent là puiser des connaissances théoriques et pratiques, connaissances qu'ils utiliseront par la suite au profit de ceux qui sauront reconnaître et payer leur mérite.

De ces pépinières fécondes, où les études sont solides et sérieuses, sortiront sans contredit de bons agents et d'excellents directeurs, qui deviendront, à l'aide du temps, des agriculteurs remarquables, et qui conviendront parfaitement à cette classe de riches propriétaires dont j'ai tout à l'heure esquissé la position. Mais conviendront-ils également au cultivateur proprement dit, à celui qui en faisant de l'agriculture ne cherche pas un délassement, mais exerce une profession réelle , à l'homme qui paye des fermages ? Je ne le pense pas, et d'ailleurs c'est la fixation des appointements qui peut résoudre ce point.

Un jeune homme sans avenir de fortune acquise ou espérée, mais dont l'éducation première aurait été distinguée et libérale, qui aurait ensuite perfectionné cette éducation par l'apprentissage de l'agriculture dans une de nos écoles, ne peut ni ne doit prostituer son industrie, son activité et ses talents en échange d'un traitement insuffisant , peu proportionné aux études qu'il aurait faites et aux avances qu'elles auraient occasionnées ; je ne sais si je ne me montre pas trop ambitieux et si je ne m'exagère pas des prétentions que je ne puis connaître au juste, mais il me semble qu'un tel homme, outre qu'il ne devrait pas se soumettre à une condition tout à fait subalterne comme le serait celle d'un simple commis, ne pourrait pas non plus accepter un traitement annuel moindre de 1,500 francs à 2,000 francs, en harmonie avec sa capacité personnelle et l'importance de l'entreprise agricole à laquelle il serait destiné. Or, qu'un grand seigneur, qu'un grand propriétaire donne de pareils appointements et même plus à un agent éclairé, à un directeur en qui il placera sa confiance et dont il pourra même faire sa société, c'est un fait tout naturel, c'est une chose qui ne surprendra personne.

Mais si la propriété, en France, la grande propriété surtout, est entre les mains de la classe riche, on ne peut pas en dire autant de la culture des terres ; et, sans même parler des pays à métairies, où le partage des fruits tient le colon dans un état permanent de dépendance, d'abrutissement et de misère, il est constant que dans les pays à fermes qui forment un cercle de trente à quarante lieues autour de la capitale (et c'est là encore que l'on rencontre le plus d'aisance parmi les cultivateurs), il est constant que, même dans ces pays, une économie sévère et bien entendue doit aussi présider aux dépenses de tout genre, aux frais généraux de l'exploitation, sous peine de pertes certaines et immédiates. Si, en effet, nous jetons un coup d'œil sur la situation générale

et la composition de la classe agricole dans ces contrées, nous verrons, 1° que la plupart des cultivateurs sont absolument fermiers, et ne possèdent que
tout ou partie des valeurs mobilières qui représen-
tent ce qu'on nomme le capital d'*amontement* de
l'exploitant; 2° que d'autres sont à la fois propriétaires d'une partie plus ou moins considérable
des terres qu'ils font valoir, fermiers pour le surplus,
et que presque toujours la portion qui leur appartient en propriété reste de beaucoup au-dessous de
la moitié; 3° que quelques-uns seulement dépassent
cette moitié, et qu'enfin on n'en aperçoit qu'un ou
deux, à de grandes distances et à de rares intervalles,
qui soient entièrement propriétaires de l'exploitation territoriale qu'ils dirigent. Maintenant, je
demanderai si, dans cet état de choses, qui est
exact, qui est le seul vrai, si, avec les frais énormes
qui pèsent sur nous et le peu de bénéfice que nous
retirons de nos travaux, nous pouvons utilement et
raisonnablement élever à 2,000 francs le traitement
de nos agents. Pour mon compte, je ne commettrai
pas cette faute, et je ne donnerai à qui que ce soit un
imprudent conseil (*).

J'ai dit qu'un homme riche était souvent obligé
d'abandonner à un agent sûr, éclairé et fidèle la
direction entière de son domaine. En est-il de même

_____

(*) Ce traitement, à mon avis, doit varier de 500 francs à 1,000 francs,
suivant l'importance de la ferme et la capacité de l'agent : on y ajoute
la nourriture, et ordinairement le blanchissage.

du cultivateur de profession ? Pour quiconque aura
été à la tête d'une exploitation, la question sera
bientôt résolue et elle le sera négativement. Qu'un
opulent propriétaire ne réalise qu'un gain minime
et insignifiant, ou bien qu'il n'en réalise pas du tout,
que même une perte légère fasse à son revenu une
brèche insensible, c'est un fait sans conséquence;
mais le cultivateur qui paye des fermages, qui élève
une famille, qui doit pourvoir à l'avenir pour établir
ses enfants avec toutes les convenances désirables
et pour se ménager à lui-même une retraite honorable dans ses vieux jours, celui-là ne peut ni ne
doit calculer de la même manière; aussi est-il très-
nuisible à ses intérêts qu'il abandonne la direction
de son avoir, de ses affaires, de sa fortune à des mains
qui peuvent être très-habiles, à des hommes fort
entendus sans doute, mais auxquels manquerait
cette idée conservatrice et tutélaire, ce sentiment de
la propriété, cet instinct de nature, qui fait que
l'homme travaillant pour lui-même agit toujours avec
plus d'aptitude et de zèle, toujours plus économique-
ment, toujours mieux que celui qui travaille pour
un autre. C'est pourquoi je conseille au cultivateur
de ne déléguer que l'inspection, et encore de n'en
déléguer qu'une partie, en surveillant rigoureusement la surveillance même; je lui conseille de se
reposer sur un étranger du soin de l'exécution matérielle, ce sera une dépense bien entendue, une
dépense lucrative; mais je lui conseille aussi de
s'arrêter là; autrement, il ne tarderait pas à être

dupe de son abandon, de son laisser-aller et, je crois
pouvoir dire, de son insouciance.

Mais cet agent, tel que je le comprends, tel que
je le voudrais, tel que le cultivateur doit désirer de
l'avoir, où le rencontrer ? est-il une classe de la
société qui réponde à ce besoin de l'agriculture ?

D'ordinaire, les cultivateurs qui veulent s'adjoindre un aide, un commis, un agent, le trouvent
parmi ceux d'entre eux qui ont pratiqué l'agriculture
pour leur compte, mais qui, n'ayant pu réussir
dans cette carrière, se sont vus, pour quelque
motif que ce soit, dans la cruelle obligation d'abandonner leurs fermes. Sans doute, ces praticiens peuvent faire de bons agents, et il n'est pas rare d'en
citer des exemples. Toutefois, je crois que, dans le
choix d'un aide principal de culture, il vaut mieux
s'attacher à un homme peu aisé, dès l'origine, et
sorti de la classe des travailleurs, qu'à un homme
qui, s'étant trouvé dans une situation meilleure, en
serait tombé par un revers. Le premier sera content
de son nouvel état, et il en aura une juste fierté ; il
pourra même s'en faire honneur, car cet état, c'est
à lui seul qu'il le devra, à son mérite personnel : au
contraire, le second, naturellement porté à rejeter
ses regards en arrière, regrettera toujours son an-
cienne position, et, indépendamment même de sa
volonté, il y aura dans le fond de son âme un triste
et douloureux souvenir du passé. Homme rétro-
grade, il n'obéira, en devenant subalterne, qu'à la
loi impérieuse de la nécessité, et, subissant les exi-

gences du besoin, il reprochera sans cesse à la Providence de l'avoir fait descendre du rang qu'il occupait primitivement; tandis que l'autre, ouvrier d'hier et homme de progrès, la bénira constamment de l'avoir tiré de cet état d'infériorité auquel sa naissance paraissait l'avoir destiné : d'où je conclus que, de deux hommes dont l'un est satisfait et l'autre mécontent de son sort, c'est du premier qu'on doit attendre les plus utiles services.

Loin de moi, cependant, l'idée de jeter quelque défaveur sur des hommes malheureux, quelquefois innocents de leurs propres malheurs; mais, s'il est vrai de dire que l'agriculture n'est pas une profession d'argent, il l'est aussi d'ajouter qu'il est peu de carrières où l'on rencontre moins de ces grandes catastrophes qui renversent, engloutissent les fortunes; et l'on peut affirmer que le nombre des cultivateurs qui, par leurs affaires, marchent à une ruine complète, est loin de répondre au besoin d'agents et de contre-maîtres que les progrès de l'agriculture créent ou plutôt créeront chaque jour davantage.

Je laisserai donc ces derniers de côté, pour ne m'occuper que des agents de la classe inférieure. C'est pour eux, dans l'espoir de leur être, autant qu'il est en moi, de quelque utilité, dans l'intérêt de leur éducation future, que je me suis décidé à écrire ces quelques pages.

C'est surtout, je l'ai déjà dit et je le répète, aux environs de la capitale, dans un rayon de 20 lieues,

que ces contre-maîtres pourront se propager, parce
que c'est là qu'il existe le plus grand nombre
d'exploitations considérables, là, par conséquent, où
le cultivateur a le plus besoin d'appui et de collabo-
ration : mais les sujets manquent au sol, ou plutôt
c'est l'instruction qui manque aux sujets; je dis plus,
les moyens d'instruction leur manquent aussi.
L'agriculture ne s'apprend pas comme tout autre
art; elle s'apprend plutôt par l'usage que par
l'étude; et, pour que les progrès soient exempts de
routine, il est bon que l'intelligence ajoute à l'usage :
c'est ce qui fait que l'enseignement convenable à
cette classe d'agriculteurs doit être essentiellement
pratique et tenir le milieu entre un enseignement
primaire et un enseignement supérieur. Cet enseignement, que pour cette raison j'appellerai *enseignement intermédiaire,* serait à Roville et à Grignon
ce que sont à l'école polytechnique les écoles d'arts
et métiers, et il ne faudrait jamais perdre de vue
que, comme éducation intermédiaire, il devrait être,
avant tout, professionnel et positif. Or, comme il y a
lacune, à cet égard, dans nos essais encore si timides
d'instruction agricole, c'est à l'expérience et au bon
sens d'une nation voisine, je me trompe, c'est au
patriotisme d'un seul homme aussi éclairé que
vertueux, que nous devons recourir, pour puiser
dans ses vues philanthrophiques un noble et utile
exemple.

CHAPITRE DEUXIÈME.

DE L'ÉTABLISSEMENT D'HOFWYL ; BUT DE CETTE INSTITUTION ;
SON ORGANISATION INTÉRIEURE ; TRAVAIL MANUEL ET
TRAVAIL INTELLECTUEL ; RÉSULTATS.

Régénérer dans son enfance l'homme mendiant,
et le placer dans la position de subvenir par son
travail à sa subsistance, à son entretien et à son
éducation, telle était la pensée de M. de Fellemberg,
lorsque, dans sa propriété d'Hofwyl, près Berne, il
jeta les fondements d'une école d'enfants pauvres.
Depuis longtemps, il s'était dit que de l'éducation
donnée au pauvre par le riche devait résulter un
avantage bien autrement important que l'instruction
même, je veux dire le perfectionnement moral de
la nature humaine, dépravée d'abord par l'oisiveté
du vagabondage, puis ramenée à des idées d'ordre
et de vertu, que l'exercice de l'agriculture encourage
si naturellement. C'est avec cet ardent désir de
moraliser qu'il résolut de recueillir sur sa propriété
et à ses frais des enfants de l'âge de cinq à huit ans,
et de les y conserver jusqu'à celui de vingt et un ans
accomplis. Ces enfants, qu'il appelle ses enfants
adoptifs, reçoivent chez lui le vêtement, l'entretien,
la nourriture, et une éducation appropriée à leur vie
future, et tout cela doit se trouver payé par le travail manuel qu'ils exécutent sur la ferme, tant à

l'intérieur qu'à l'extérieur. A l'âge de 24 ans,
ils deviennent aptes à remplir des places de commis
ou d'agents; soit dans des exploitations rurales,
soit dans des entreprises industrielles, soit dans des
maisons de commerce, de sorte qu'il en résulte pour
eux une position sociale bien supérieure à celle qui
les attendait, s'ils eussent continué à se livrer à la
mendicité et à la fainéantise auxquelles on les
arrache.

Cette école, fondée au commencement de ce siècle,
a pourvu à l'entretien et à l'éducation de plus de
500 élèves, déjà sortis de son sein; elle subsiste
encore et poursuit sa marche d'utilité et de progrès.
Jetons un coup d'œil sur son organisation intérieure.

Le point le plus important dans la création d'une
pareille école, c'est, à n'en pas douter, de rencontrer
un homme qui réunisse toutes les qualités nécessaires
pour la diriger. On ne saurait se dissimuler ce qu'il
faut de persévérance, de soins assidus et d'intelligence, ce qu'il faut de douceur dans le caractère et
d'aménité dans les mœurs, ce qu'il faut surtout
d'amour pour le bien public, pour remplir dignement
une mission, en apparence si facile et si légère. Cet
homme, M. de Fellemberg, fut assez heureux pour
le trouver, en quelque sorte, sous sa main. Ce fut
Werlhi, fils d'un maître d'école du canton de Thur-
govie; et alors âgé seulement de 17 ans, sur lequel
il jeta les yeux, pour le placer à la tête de cet établissement d'un genre tout à fait nouveau, réalisa-
tion du plus cher de ses vœux.

Je ne puis résister au désir de copier ici le portrait de Werlhi, si habilement esquissé par M. Fawtier, ancien élève de Roville, dans les lettres intéressantes écrites par lui à M. de Dombasle, et insérées dans la troisième livraison des Annales de Roville :

« Werlhi, y est-il dit, est aujourd'hui âgé d'environ 34 ans : sa taille est au-dessus de la moyenne; l'expression de sa physionomie unit la douceur et la bonté à quelque chose de très-spirituel; sa mise, aussi simple que celle de ses élèves, se fait remarquer par une grande propreté; son extérieur annonce la franchise et la candeur de son âme. Les témoignages d'estime que sa conduite et ses travaux arrachent aux nombreux étrangers qui visitent Hofwyl le font rougir et l'embarrassent beaucoup : sous cet extérieur simple de l'homme des champs, l'étranger paraît étonné de trouver une instruction solide et éclairée; et, lorsqu'on quitte ce jeune philosophe, on se retire l'âme pleine de l'amour des hommes, et de respect pour celui qui consacre les moments de sa vie à l'amélioration de ses semblables arrachés à l'oisiveté et à la misère. »

Ces lignes étaient tracées en 1825, et déjà Werlhi n'est plus! Quel malheur qu'une vie si bien commencée, une vie qui promettait d'être si pleine, ait été si tôt interceptée et rompue! Puissé-je du moins le faire revivre dans cet écrit! et comme c'est Werlhi qui, de concert avec M. de Fellemberg, a organisé l'école dans tous ses détails d'administration, qu'il me soit permis, en les racontant, de le replacer, par le souvenir, au milieu de ses travaux et à la tête de ses élèves !

Tout sujet présenté à l'école subit, avant son admission, l'examen du médecin de l'établissement, et on ne l'admet que dans le cas où il n'aurait point d'infirmités contagieuses, ou susceptibles de soins trop particuliers.

Cette formalité accomplie, les nouveaux élus reçoivent l'habillement complet, qui est fort simple, mais suffisant et propre ; ce vêtement est d'une étoffe de laine pour l'hiver et d'un fort coutil pour l'été. Les enfants couchent seuls dans des lits composés de paillasse, draps et couverture ; cette couverture est assez grande pour pouvoir être doublée dans les rigueurs de l'hiver. Dans la belle saison, ils vont ordinairement pieds nus, et tel temps qu'il fasse, hiver comme été, ils ont toujours la tête découverte. Tous savent raccommoder leurs vêtements.

Les occupations de la journée se règlent à peu près de la manière suivante : les élèves se lèvent de quatre heures et demie à cinq heures et demie, selon leur âge et suivant la saison. Une demi-heure est consacrée au lever, à la toilette de propreté et pour faire les lits. Vient ensuite une prière en commun ; à cette prière succède une leçon d'une heure en été et d'une heure et demie en hiver ; puis on déjeune ; après quoi, les élèves se livrent, à la ferme ou aux champs, aux travaux qui leur sont assignés. A onze heures, on revient du travail pour dîner, et, après un moment de récréation, recommence une leçon d'une heure ou d'une heure et demie. Ensuite, nouveau travail manuel, accompagné de repos pour le goûter. Arrive enfin, à sept heures, le souper, suivi d'une nouvelle leçon, jusqu'à l'heure du coucher, qui a lieu de huit heures à huit heures et demie. Les plus âgés obtiennent quelquefois l'autorisation de veiller pour étudier davantage; mais cette autorisation ne se donne que dans les limites convenables, pour que leur santé n'en souffre pas. La matinée du dimanche, avant et après le service divin, est également consacrée à l'instruction des élèves.

On conçoit, du reste, que, dans un pareil établissement, l'emploi de la journée doit varier avec les saisons. Ainsi, en hiver, il y a plus de travail intellectuel, et moins de travail manuel, parce que les heures qui précèdent le jour et celles qui en suivent la chute sont utilement consacrées à l'étude; ainsi, pendant l'été, l'enseignement ne dure que deux ou trois heures par jour, et, pendant l'hiver, il dure quatre et cinq heures. Ces variations sont le résultat inévitable de l'importance et des exigences des travaux agricoles : de là vient aussi que l'étude n'apparaît que sous une forme accessoire, et devient comme un délassement à la fatigue que le corps éprouve.

La nourriture des Werlhi, comme on les appelle, est simple et peu coûteuse, mais saine et abondante; elle ressemble à celle des paysans suisses. Les enfants aident eux-mêmes à la préparer; les légumes en forment la base. Le déjeuner se compose d'une soupe aux légumes, de pommes de terre cuites dans les cendres ou accommodées au beurre, de pain à discrétion et de lait ou d'eau pour boisson. Le vin est exclu des repas d'Hofwyl ; on le réserve pour les jours de fête. La composition du diner ressemble beaucoup à celle du déjeuner ; seulement on y ajoute de la viande, une ou deux fois par semaine. Le goûter met dans la main des enfants un bon morceau de pain sec, et le souper, comme le déjeuner et le diner, ramène encore des choux et raves en choucroûte, des pommes de terre, carottes, bouillies de farine, pois, riz et fruits. Chaque repas dure de 20 à 30 minutes. La gaieté ordinaire des élèves est une preuve que cette nourriture suffit complétement à leurs besoins.

Les travaux manuels se divisent en travaux intérieurs, ceux qui s'exécutent dans la ferme, et en travaux extérieurs, ceux qui s'exécutent aux champs : ils sont toujours proportionnés à l'âge et à la force de l'enfant. Dans les champs, suivant que chaque saison appelle le travail qui lui est propre, ils binent les plantes sarclées, ramassent des pierres, abattent et façonnent du bois, fanent les foins ; s'occupent de la moisson, arrachent les racines et aident au transport des diverses récoltes. Dans la ferme, le battage des grains est leur principale occupation ; les plus jeunes se livrent à des travaux moins pénibles. Dans les mauvais temps, ils empaillent des chaises, tricotent des bas ou fabriquent soit des

2

paniers, soit des chaussons ; quelques-uns apprennent un métier, comme celui de charron, maréchal,
menuisier, etc., etc.

C'était autrefois Werlhi qui présidait à leurs travaux en travaillant lui-même avec eux. Remarquons
que ce qu'ils gagnent à travailler ainsi sous les yeux
et avec le concours de leur maître, c'est que
chaque opération n'est pas seulement une simple
opération matérielle, mais c'est encore le sujet
d'une nouvelle leçon et pour tous un moyen de
progrès. Il y a ainsi un enseignement perpétuel
qui se donne partout, aux champs comme à la
maison.

Werlhi avait toujours grand soin de tenir ses
garçons (c'est ainsi qu'il les nommait) autant que
possible séparés des ouvriers et des domestiques de
la ferme, de peur que le contact de ces derniers ne
leur apprît l'usage des paroles grossières, et n'alté-
rât la pureté de leurs mœurs.

Quant à leur instruction, on s'attache d'abord à
ce que l'enfant lise bien, et en même temps on
commence à exercer sa mémoire. Ensuite on lui
apprend à écrire et on lui enseigne le dessin linéaire.
Puis, on lui fait combiner des chiffres, quelquefois
par écrit, plus souvent de tête ; à cela on joint des
notions de mécanique agricole et de levée des plans,
et on lui fait étudier la tenue des livres.
Enfin on ne le laisse étranger ni à l'histoire,
ni à la géographie, mais on se restreint à

la géographie et à l'histoire du pays natal (*).

Telle est la vie de ces enfants, vie active et sé-rieuse; et ce n'est pas seulement une instruction solide qui en dérive, c'est aussi une moralité nou-velle qui résulte de cette application au travail des champs, de cette diffusion de connaissances spé-ciales, appuyées sur l'étude pratique et théorique de l'agriculture. Tel qui, toute sa vie, fût demeuré igno-rant et brutal devient, à Hofwyl, réfléchi et civilisé; il y apprend et à bien penser et à bien juger; car là, ce n'est pas l'enfant seul qui s'améliore, c'est tout l'homme. Où donc prendrait-on un plus grand ré-sultat dans aucun système d'éducation populaire? Prodiguer à de pauvres enfants des soins tout pater-nels, leur préparer une instruction appropriée à leur

(*) Les renseignements que je donne sur Hofwyl sont puisés à de bonnes sources; cependant, je l'avoue à mon grand regret, je n'ai point visité moi-même M. de Fellemberg et son école; j'en avais et j'en ai encore le plus vif désir, mes occupations jusqu'à présent m'ont empê-ché d'entreprendre ce voyage: mais, mon père ayant fait, l'an dernier, une excursion en Suisse, je l'ai prié de s'arrêter à Hofwyl, d'examiner cet établissement en agriculteur, et de m'en rapporter les notes les plus détaillées. Je me suis, en outre, aidé: 1° des lettres de M. Fawtier, insérées dans la 3e livraison des *Annales de Roville*; 2° d'une lettre écrite à M. Fawtier, par M. le comte Louis de Villevieille, et imprimée dans la 4e livraison des mêmes annales; 3° d'un ouvrage sur l'instruction intermédiaire, où un chapitre est consacré aux établissements d'Hofwyl, par M. Saint-Marc-Girardin, et 4° d'un rapport sur ces éta-blissements, fait par M. Raymond de Véricourt, à l'académie agricole, manufacturière et commerciale: tous quatre ont séjourné plus ou moins longtemps à Hofwyl. Enfin j'ai eu également recours à divers écrits et rapports que M. de Fellemberg a bien voulu me faire remettre par l'entremise de mon père.

existence future, leur inspirer, avant tout, l'amour du travail sans lequel ils ne pourraient vivre, c'était et c'est encore le rêve de M. de Fellemberg, rêve non pas impossible comme tant d'autres, mais applicable et réalisé; c'est ainsi qu'en ami dévoué de l'humanité il prend à tâche de remplir les devoirs de la plus haute et de la plus noble philanthropie, en transformant en citoyens utiles, probes et laborieux des êtres que le hasard et leur naissance avaient voués à la misère et au vice.

CHAPITRE TROISIÈME.

DE LA POSSIBILITÉ DE FONDER EN FRANCE DE SEMBLABLES ÉTABLISSEMENTS ; DES DÉPENSES QU'ILS OCCASIONNERAIENT ; DISCUSSION SUR L'AGE D'ADMISSION ; QUELQUES VUES NOUVELLES D'ORGANISATION.

S'il y a, de nos jours, quelque chose de nouveau à fonder, s'il est un genre quelconque, un type d'éducation non encore exploité, c'est assurément dans la carrière suivie par M. de Fellemberg : imiter ce qui est si peu répandu, c'est presque créer. Et nous dirons tout d'abord, parce que telle est notre pensée intime, qu'un pareil enseignement, où l'esprit et le corps se prêtent alternativement et mutuellement un appui si salutaire, convient tout à fait à cette classe d'agents agricoles que nous avons en vue. Mais ce n'est pas assez d'avoir fait la narration fidèle de ce qui se passe à Hofwyl : nous avons déjà pénétré dans la vie intérieure de l'école, il faut maintenant l'apprécier dans ses plus minutieux détails et aborder les difficultés que présenterait la création d'instituts semblables.

Voici quel a dû être le raisonnement du fondateur d'Hofwyl : Si le riche ne doit pas au pauvre son éducation, il lui en doit au moins les moyens; mais il faut que le pauvre donne quelque chose en échange : or, comme le pauvre ne peut donner que son travail, c'est par son travail qu'il doit payer son éducation; et, comme aussi chaque homme ne peut être enseigné séparément et à domicile, c'est par une sorte d'association entre plusieurs qu'on peut rendre solidaires pour eux les avantages réciproques qui manqueraient à tous, un à un. Cette association doit être fondée sur le principe de la mutualité dans un intérêt commun.

Partant de là, il a appelé à lui des enfants, et il leur a donné un maître et il leur a dit : « L'éducation ordinaire qui est longue et coûteuse ne peut pas être le partage de tous; à vous qui êtes pauvres, il vous faut une éducation pratique, une éducation à bon marché, mais non pas une éducation gratuite. Travaillez pour moi, et, au lieu de payer votre travail à prix d'argent, je vous logerai, je vous vêtirai, je vous nourrirai, je vous instruirai. Ainsi vous ne devrez votre éducation qu'à vous-mêmes, à votre propre travail, et ce que vous me devrez à moi, ce sera un peu de reconnaissance peut-être, mais rien de plus. »

Ainsi fut créé Hofwyl. Nul doute que le but principal ait été atteint, celui de moraliser et d'instruire; mais la question économique a-t-elle été résolue? Toutes les dépenses occasionnées par ces enfants sont-elles soldées par le prix de leur travail? M. de Fellemberg assure que les frais de toute nature de ses enfants adoptifs finissent par être intégralement remboursés, et qu'une école comme la sienne, habilement conduite, comporte tous les éléments pour se suffire à elle-même. Il en donne pour preuve les registres de sa comptabilité, et tout le monde est admis à les examiner. Malgré cette assertion, le doute est encore permis : il est certes bien loisible à M. de Fellemberg de déguiser une partie de ce qu'il donne, et personne ne saurait lui en faire un reproche : car sa modestie même rehausse le bienfait. Cherchons donc la vérité en dehors même de l'institution.

M. Saint-Marc-Girardin, qui a visité Hofwyl, en 1834, exprime l'opinion que M. de Fellemberg est effectivement remboursé de ses frais courants, mais qu'il ne l'est pas d'une somme de 15,000 francs consacrée aux frais de premier établissement. Ce chiffre, s'il est exact, a du moins cela de consolant et de précieux, qu'il fait espérer que de semblables écoles peuvent se soutenir et marcher seules, dès qu'on a pris la peine de les installer et de les mettre, pour ainsi dire, en haleine.

Quant à M. Fawtier, qui a fait à Hofwyl un séjour de plusieurs mois, il n'y a pas acquis cette conviction intime que les élèves de l'école Werlhi pouvaient, par leur travail, compenser les dépenses faites pour eux.

Un autre voyageur français, M. le comte Louis de Villevieille, dans une lettre écrite à M. Fawtier, est d'avis que ce problème d'une éducation équivalente à ses frais par le travail manuel se trouve résolu à Hofwyl; mais il ajoute que de semblables écoles, fondées ailleurs, ne pourront subsister que sous certaines conditions, savoir :

1° Qu'elles seront placées à la campagne, à côté d'une grande exploitation rurale, parce que c'est là seulement qu'on peut rencontrer une variété de travaux, telle qu'il s'en trouve toujours d'adaptables à la force des élèves de l'âge de 5 à 21 ans ;

2° Qu'elles n'admettront d'enfants que de 5 à 8 ans, et qu'ils y resteront jusqu'à celui de 21 ans accomplis ;

3° Que la dépense sera réduite au *minimum*, et que l'économie résultant de la vie en commun et de l'isolement dans une ferme sera poussée jusqu'aux limites au delà desquelles elle deviendrait une parcimonie coupable ;

4° Que le directeur de l'école sera assez éclairé et assez intelligent pour présider non-seulement à l'enseignement, mais aussi à la distribution des travaux dans la ferme, de sorte que chaque enfant, suivant sa capacité et son âge, soit réellement appliqué à ceux où il pourra produire le plus ;

Et 5° que la nature des travaux productifs sera

assez variée pour que pas un jour, pas une heure du temps qui doit être consacré au travail ne soient perdus pour la production.

Voilà des opinions qui diffèrent entre elles sur quelques points, mais qui aboutissent à celui-là, que le succès, s'il n'est pas facile à obtenir, s'il est hérissé de difficultés, n'est cependant pas impossible. M. Fawtier lui-même, qui paraît avoir le moins de confiance dans la possibilité d'un résultat à la fois économique et satisfaisant, ne la nie pas d'une manière absolue. J'admettrai donc ces données comme vraies, et je passe outre.

Une discussion à laquelle on s'est souvent livré relativement à l'organisation des écoles de ce genre, c'est de préciser l'âge auquel les enfants doivent y être admis. A Hofwyl, les admissions ont lieu dès l'âge de 5 ans; mais, de cet âge à 15 ans, il y a perte pour l'établissement, parce que l'élève dépense plus qu'il ne produit; après 15 ans, au contraire, il y a bénéfice, parce que l'élève produit plus qu'il ne dépense; et cet excédant de produit des six dernières années suffit à couvrir le déficit des années antérieures. Cependant, dit M. de Fellemberg, il ne faudrait pas induire de ce raisonnement qu'il devrait y avoir plus de bénéfice à n'admettre que des enfants de 15 ans; car, d'un côté, le but moral, le but d'amélioration serait manqué, la réforme du caractère ne serait opérée que d'une manière incomplète; et comme, d'un autre côté, si, de 15 à 21 ans, les élèves produisent plus qu'ils ne dépen-

sent, cela tient surtout à ce que, depuis l'âge de
5 ans, on tend, par un apprentissage permanent et
spécial, à développer en eux les facultés mêmes du
travail, il en résulterait que non-seulement l'établissement ne gagnerait peut-être rien à une admission tardive, mais que cette admission même
deviendrait plutôt une cause de désorganisation
et d'insuccès.

Il est certain que, sous le rapport moral, l'admission à 5 ans est infiniment préférable; à cet âge,
ce que l'enfant a déjà pu contracter de mauvaises
habitudes se perd facilement; l'empire qu'on peut
prendre sur son esprit est plus énergique et plus
efficace; ses penchants au vice résisteront moins
aux conseils, et, s'il le faut, aux punitions; son
caractère s'assouplira davantage, et ses mœurs, ayant
moins de roideur, deviendront aisément plus douces
et plus soumises. Aussi, à Hofwyl, où l'agriculture
(n'oublions pas cette distinction) n'est pas un but,
mais un moyen, à Hofwyl, où l'objet principal, le
seul peut-être, est l'amélioration morale de l'homme
par l'intermédiaire de l'éducation agricole, on
aurait fait une faute si on avait placé la question
d'argent avant la question morale; je dis qu'on
aurait fait une faute, et je ne veux pas dire par là
que, même en commettant cette faute, on eût
éloigné toute chance de réussite. Mais, lorsqu'on
désire surtout former des agents directs d'agriculture, lorsque le but est de faire non-seulement un
honnête homme, mais en même temps un bon

agriculteur, lorsque la question morale, sans être
bannie, ce qu'à Dieu ne plaise, sans même n'avoir
qu'une action secondaire, ne doit pas être la seule
en jeu, je crois qu'il peut être permis d'envisager
le côté économique de la chose, dût l'éducation
(mais non pas l'instruction) être tant soit peu moins
bonne : or il est clair à mes yeux, il est évident
pour moi, qu'en prenant des enfants de 12 à 14 ans,
déjà capables de travailler, déjà initiés aux travaux
de la campagne, et en ne les prenant pas au hasard,
mais en les choisissant, s'il est possible, on dimi-
nuera en faveur de l'établissement les chances de
perte, et on augmentera d'autant les probabilités
du succès. Ainsi, quoiqu'il y ait quelque chose de
bien respectable dans une expérience aussi longue,
aussi réfléchie, aussi authentique que celle de
M. de Fellemberg, je n'hésite cependant pas à me
prononcer pour l'admission à l'âge de 12 à 14 ans,
comme dans les écoles d'arts et métiers, parce que
je sais par expérience (et c'est là un point capital)
qu'un enfant de cet âge est en état de gagner sa vie
et de subvenir à tous ses besoins.

Telle paraît avoir été aussi la pensée de M. de
Dombasle, qui, dans un temps, avait eu le projet de
fonder à Roville une école d'agriculture pratique à
peu près semblable à celle d'Hofwyl, et qui avait
déclaré que les enfants y seraient reçus de 12 à
14 ans (*). Il est à regretter que la non-réalisation

(*) Voici l'article 17 des statuts préparatoires que M. de Dombasle
avait rédigés ; il est extrait de la 3e livraison des Annales, page 35 :

d'une mesure financière, qui consistait à acheter le domaine de Roville, par voie de souscription, ait détourné M. de Dombasle de mettre à exécution son idée primitive. Nul homme, en France, n'était plus apte que lui à faire prospérer une pareille école et à lui imprimer la direction la plus convenable : il n'est pas douteux que, sous son habile main, Roville ne se fût levé un jour digne rival d'Hofwyl.

Ce qui me fait, en outre, désirer l'admission de 12 à 14 ans, c'est la coïncidence qui existe entre le commencement de ces nouvelles études et la fin de l'enseignement municipal, qui, dans les communes rurales, ne dépasse guère l'âge de 13 ans. A cet âge, un enfant peut déjà aider utilement son père ou sa mère dans leurs travaux; on interrompt alors son éducation à peine ébauchée, et il a bientôt oublié le peu qu'il a appris. Si, au contraire, celui qui aurait montré des dispositions ne sortait de l'école primaire que pour entrer dans une école intermédiaire, au moment où son esprit commence à se former, son intelligence, déjà éveillée, continuerait à se

« Le directeur formera près de l'établissement une école d'industrie où seront logés, nourris, entretenus, et instruits sur l'agriculture 20 enfants pauvres, au moins : ces enfants y seront reçus à l'âge de 12 à 14 ans, et il sera pris pour eux l'engagement d'y rester jusqu'à l'âge de 20 ans accomplis; ils seront instruits sur les divers procédés de l'agriculture perfectionnée, de manière à en former par la suite des aides de culture probes, laborieux et instruits. Leur travail, pendant la durée de leur apprentissage, se fera au profit de l'établissement, qui sera chargé de tous les frais quelconques de leur entretien. »

développer, et on pourrait prédire que ses progrès ultérieurs seraient beaucoup plus rapides et auraient une tout autre portée : de cette façon, l'enfant mettrait réellement à profit l'instruction primitivement reçue.

Un dernier motif milite encore en faveur de l'admission à 13 ans environ. C'est un fait acquis que, de 5 ans à 14, l'enfant est à charge à l'établissement ; en l'y admettant tout jeune, n'y aurait-il pas à craindre que l'intérêt ou la cupidité des parents, sourds à la voix de la reconnaissance, ne le retirât trop tôt et ne le fît sortir de l'école, à l'époque même où il ne ferait que commencer à rembourser par son travail les avances qui lui auraient été faites ? quelle sera la garantie que l'enfant pour lequel on aura fait des dépenses pendant 7 ou 8 ans restera pendant 6 ans encore, de 14 à 20, pour couvrir ces dépenses ? En ne les prenant pas avant 13 ans, cet inconvénient disparaît ; s'ils partent, c'est tant pis pour eux ; si l'on se voit dans l'obligation de les renvoyer, au moins on n'est pas leur dupe, et en les maintenant par une discipline sévère, mais impartiale, il est à présumer qu'on n'en viendra que bien rarement à de pareilles extrémités.

Enfin, à toutes ces causes se joint encore celle-ci, du moins dans mon idée, qu'en définitive j'ai moins en vue des écoles tout à fait semblables à celle d'Hofwyl que des écoles répondant pour l'agriculture à ce que sont celles d'arts et métiers pour l'industrie ; et mon but, avant tout, étant de voir former

le plus grand nombre de sujets capables, en prenant
au hasard des enfants de 6 à 8 ans, il y aurait cet
inconvénient qu'on ne pourrait pas encore à cet âge
discerner les dispositions naturelles de l'enfant, de
sorte que, sur trente élèves, c'est tout au plus si,
après l'éducation donnée, il en resterait un tiers
qui eussent réellement l'intelligence suffisante pour
devenir de bons contre-maîtres, des aides agricoles
sur lesquels on dût sérieusement et utilement
compter, et qu'on offrirait avec confiance aux cultivateurs qui les rechercheraient. Si, au contraire,
on ne les prenait qu'à 12 ou 14 ans, lorsque déjà il
serait moins difficile de préjuger ce qu'ils seraient
un jour, lorsque déjà dans les écoles communales
ils auraient montré de la bonne volonté et du goût
pour l'étude, lorsque surtout on leur reconnaîtrait
de l'aptitude au travail, et l'usage instinctif des
opérations rurales, usage que les enfants acquièrent
facilement à la campagne par l'habitude de voir et
le désir d'imiter, si enfin on ne les prenait à cet âge
qu'après un examen préalable, pour s'assurer de
certaines conditions d'admission, de certaines connaissances réquises, il me semble qu'on réunirait
plus de chances de succès pour leur capacité ulté-
rieure, et qu'en fin de compte les non-valeurs
seraient moins nombreuses (*).

(*) Je sais que l'âge d'admission à ces écoles est généralement con-
troversé ; aussi je n'ai pas l'espérance que tout le monde partagera
mon opinion, qui, comme on le voit, est très-prononcée pour l'âge de
12 à 14 ans ; mais tel est mon sentiment et j'ai dû l'exprimer. Si

Après l'âge de l'admission, un autre point à considérer, c'est de savoir créer un travail productif, qui, non-seulement s'exerce en dehors, mais qui puisse aussi s'exercer à couvert, en tout temps et à toute heure, en l'absence du travail des champs, pendant l'hiver, qui le fait cesser naturellement, et même pendant l'été, quand les pluies l'interrompent; car si l'on devait nourrir, loger et vêtir toute une population de jeunes travailleurs, et se voir, malgré cela, obligé de les laisser quelquefois en repos, sans compensation pour les soins qui leur seraient donnés, il y aurait évidemment cause de perte et même de ruine pour l'institution. A cet égard, il est difficile de prendre Hofwyl pour point de comparaison; Hofwyl, en effet, est dans une position tout à fait particulière et qu'on ne retrouverait nulle part ailleurs. Si son agriculture est si perfectionnée et si minutieuse, si par conséquent elle fournit à ces jeunes bras tant d'éléments de travail, cela tient principalement au grand nombre d'individus que l'établissement entretient et nourrit : d'où il suit que les plantes sarclées et presque de jardinage, qu'il est très-avantageux de cultiver, mais qu'on ne cultive pas toujours, parce qu'elles sont d'un écoulement difficile, trouvent à Hofwyl leur débouché dans la maison même. Ailleurs, où cet emploi man-

ensuite ou jugeait communément qu'il fût préférable de descendre à un âge moins avancé, cela ne préjudicierait en rien au principe même de ces écoles, dont je ne reconnais pas moins l'utilité avec un âge qu'avec un autre.

querait, ce qu'on aurait de mieux à faire pour
suppléer à tout ce roulement de travail agricole, ce
serait, je crois, d'organiser un travail industriel,
indépendant de la ferme, et auquel on ne recourrait
que lorsque celle-ci ne pourrait absolument pas
occuper les bras oisifs.

A la rigueur, et comme nous l'avons dit, de
pareilles écoles, ainsi constituées, pourraient se
soutenir par elles-mêmes, mais elles ne le pourraient
qu'à une condition, comme nous l'avons dit aussi,
à cette condition qu'une économie sévère régnerait
dans toute l'administration de l'établissement, et en
outre que les enfants seraient fructueusement occupés d'un bout de l'année à l'autre. Mais, dira-t-on,
le travail manuel, établi d'une manière permanente,
nuirait au travail intellectuel; l'enfant, obligé de
travailler pour gagner sa vie, ne pourrait consacrer
à l'étude que bien peu de temps, deux heures seulement par jour. Je répondrai que les longues
matinées et les longues soirées de l'hiver offriraient,
en outre, bien des moments perdus pour les travaux
actifs d'une ferme, et que ces moments ne pourraient
être employés plus utilement qu'à l'éducation des
enfants; mais, enfin, je conviens, parce que cela est
vrai, que l'enfant travaillerait toujours beaucoup
plus qu'il n'étudierait, ce qui constituerait du
côté de l'étude une espèce d'infériorité. Ce n'est pas
à dire que l'instruction serait mauvaise, mais elle
serait évidemment moins bonne, ou plutôt moins
variée, moins étendue, moins suivie : toujours

est-il qu'elle serait suffisante pour le but proposé.
Que si, maintenant, on voulait dépasser ce but,
si on voulait former des hommes plus capables et
plus instruits, non pas des savants, encore moins
des demi-savants, mais toujours d'habiles praticiens,
joignant à la pratique la théorie de leur art, il y
aurait nécessité de leur concéder plus de temps pour
se livrer à l'étude, et cette concession de temps ne
pourrait avoir lieu qu'au moyen d'une subvention
faite à l'école, subvention qui proviendrait, par
exemple, soit du budget de l'État, soit de celui des
départements, soit même de dons particuliers.

Ce mot de subvention a toujours quelque chose
qui effraye au premier abord, parce qu'en France,
en fait de subventions et surtout de subventions
théâtrales, nous sommes habitués à agir largement;
mais, pour ne pas nous laisser dominer mal à propos
par la peur, abordons les chiffres. Je ne hasarderai
cependant pas de calculs pour évaluer à point nommé
quelle pourrait être la recette et quelle devrait être
la dépense d'une école semblable; il y a dans une
pareille matière tant de circonstances qu'on pourrait ne pas prévoir ou qui échapperaient aux recher-
chés les plus consciencieuses, tant de détails si
faciles à oublier, que le plus sage est de s'abstenir.
Néanmoins, d'après les prévisions que je me suis
formées, prévisions qui ont pour bases les dépenses
occasionnées par la nourriture des domestiques
ordinaires d'une ferme, je crois pouvoir affirmer
que, si une subvention de 150 francs était faite

annuellement à chaque élève, il y aurait pour l'institution une cause certaine de succès, et pour l'élève une source nouvelle d'instruction, en ce que, au lieu de donner la totalité de son temps pour le travail agricole, il ne serait plus tenu d'en donner que la moitié, et cette moitié suffirait pleinement à l'apprentissage théorique et pratique de l'agriculture (*).

Or, à supposer qu'une pareille école fût peuplée de 30 élèves (et ce serait un nombre très-convenable, d'abord parce que, s'ils étaient plus nombreux, il deviendrait très-difficile de les bien diriger, et ensuite parce que ce nombre serait juste la mesure de la tâche d'un maître), ces 30 élèves, à raison de 150 francs chacun, et en y ajoutant 1,000 francs pour les appointements de leur maître, donneraient lieu à une subvention annuelle de 5,500 francs. Je ne comprends pas toutefois dans ce chiffre les frais de premier établissement : ces frais pourraient s'élever à peu près à une somme pareille, une fois donnée, en supposant toutefois qu'on trouvât un propriétaire qui consentît à mettre sa ferme à la disposition des élèves pour le travail, et à les y occuper du mieux possible. En comptant donc

(*) Cette allocation permettrait de consacrer une très-grande partie de l'hiver à l'instruction des élèves, et il en résulterait même cet avantage, que les enfants seraient plus spécialement employés aux travaux les mieux rétribués, comme ceux des fanages et surtout de la moisson, pendant laquelle le salaire à la tâche est souvent double et même triple de celui qui occupe ordinairement l'ouvrier dans le courant de l'année.

5,500 francs de subvention ordinaire, et en fixant
à 6 ans, de 14 à 20, la durée du séjour à l'école,
un sixième des élèves ou 5 d'entre eux en sortiraient
tous les ans ; de sorte que chaque élève tout enseigné,
et prêt à suivre sa carrière, aurait coûté environ
1,100 francs. Si une pareille école était fondée
dans chaque département, ce serait une dépense
annuelle et totale de 473,000 francs, et ces 86 écoles
fourniraient par année 425 sujets à l'agriculture.
Est-ce donc là un chiffre si élevé pour qu'on ne
tente pas au moins la fondation, non pas de 86,
mais, pour commencer, de 3 ou 4 écoles de ce
genre ? Ce qu'un simple particulier, animé d'un
zèle ardent pour tout ce qui est beau et honnête, a
su faire avec succès, pourquoi l'État, pourquoi un
département n'oseraient-ils en faire l'épreuve (*) ?

Il ne faut pas toutefois, dans l'espoir du succès,
se dissimuler les difficultés de l'entreprise, et j'avoue
qu'à mon avis une de celles qui surgiraient au ber-
ceau même de ces écoles, ce serait de savoir si l'on
trouverait des enfants pour les peupler. Sans doute
qu'avec un avenir honorable et presque assuré, les
sujets ne devraient pas manquer, parmi lesquels se
recruteraient par la suite des agents utiles et éclairés ;

(*) J'ai dit plus haut que la subvention dont il s'agit pourrait aussi
provenir de dons particuliers ; je complète ici ma pensée, en ajoutant
qu'une pareille école pourrait être également fondée par une association de trente propriétaires qui s'engageraient à y entretenir chacun
un enfant, en faisant, non pas à l'école, mais à l'enfant lui-même une
allocation de 150 francs par année. Cet enfant, au sortir de l'école,
trouverait chez son protecteur une place toute naturelle.

mais l'expérience a malheureusement constaté que les peuples ne répondent pas toujours au zèle des gouvernements pour la propagation de l'instruction dans les classes laborieuses, et on sait que les habitants des campagnes surtout n'estiment pas à sa valeur celle qui est offerte à leurs enfants. Cependant on ne devrait pas se laisser arrêter par cette difficulté; si réelle qu'elle soit, le temps se chargerait de l'aplanir, et il y a lieu d'espérer que les parents bien conseillés reviendraient un jour de leur erreur, à la vue des résultats obtenus, et que par la suite ils seraient, dans leur intérêt même, les premiers à encourager leurs enfants à recevoir avec docilité et reconnaissance les bienfaits de l'éducation que ce moyen seul pourrait mettre à leur portée.

Jusqu'à présent, simple historien, j'ai raconté, aussi exactement que possible, ce qui se passe, ce qui se pratique à Hofwyl; j'ai cherché à prouver que des écoles conçues sur le même plan, ou sur un plan à peu près semblable, avaient des chances de réussite : j'ajoute maintenant qu'une organisation différente pourrait leur être donnée, sans que pour cela le succès dût en être compromis.

A Hofwyl, l'enfant travaille sans but d'intérêt personnel, pour la seule satisfaction de sa conscience; il travaille, parce qu'il tient à honneur de remplir les obligations qui lui sont imposées et qu'il a volontairement acceptées; il travaille, parce qu'il aime à goûter, par une belle soirée, le charme d'une journée bien occupée; il travaille, parce que cette douce tranquillité du contentement que donnent les devoirs activement et laborieusement accomplis suffit à son âme; mais je crois que si l'émulation devenait l'auxiliaire du travail, si l'intérêt personnel, qui est sans contredit le mobile le plus actif de l'homme, y ajoutait son stimulant aiguillon, si l'amour du gain était appelé à seconder l'enseignement, je crois que cet apprentissage sérieux du travail par l'instruction et de l'instruction par le travail manquerait rarement son effet; de la façon que je veux dire, l'enfant mis aux prises avec le besoin même travaillerait en vue de deux objets : le premier, ce serait de gagner sa vie en s'instruisant, et le second, de mieux vivre et même de faire des épargnes. Ainsi, courageux lutteur dans cette vie quelquefois rude et pénible, il apprendrait à distraire du présent la part de l'avenir ; il apprendrait à se faire de la prévoyance une habitude et de l'économie une routine.

Organiser le travail et la vie séparément pour chaque enfant sera chose qui, sans doute, paraîtra d'une exécution difficile, et cependant rien n'est plus simple. A cet effet, il ne s'agit que d'ouvrir à chacun des élèves un compte courant, dans lequel figureront ses recettes et ses dépenses.

A l'article premier de ses recettes serait inscrite la subvention de 150 francs qui lui serait allouée, comme prime d'encouragement à l'étude et d'allégement au travail corporel. Viendraient ensuite les sommes qui seraient le prix rémunératoire de son travail, tant à la journée qu'à la tâche. On voit par là que chaque élève, étant payé suivant ses œuvres, aurait un intérêt direct à travailler de son mieux.

En regard des recettes seraient apposées les dépenses, et ici je ferais une distinction. Il y aurait des dépenses communes à tous, et des dépenses particulières à chacun. Parmi les dépenses particulières, je mettrais la consommation du pain, si facile à distribuer par tête; j'y mettrais aussi l'habillement, etc. Les dépenses communes comprendraient l'achat des articles divers pour la vie, le blanchissage, le chauffage et l'éclairage, en un mot tout ce qui serait d'une division trop minutieuse.

A la fin de l'année, tous les comptes seraient soldés, et le bénéfice appartenant à chacun serait placé à une caisse d'épargne.

De là naîtrait une véritable émulation, et avec elle le désir de la possession, et avec ce désir l'amour du travail (*).

(*) Ayant eu occasion de communiquer cette brochure, avant l'impression, à notre honorable secrétaire de la Société d'agriculture de Clermont, M. Albert Schillings, propriétaire à Hondainville, je dirai qu'il ne partagea pas mon opinion sur cette organisation séparée du travail et de la vie pour chaque enfant. Outre que la difficulté d'exécution lui apparaissait plus grande qu'à moi, M. Schillings pensa aussi que ce serait peut-être inféoder à ces jeunes âmes un sentiment de sordide intérêt, qui pourrait les rendre égoïstes par la suite, ou tout au moins qui nuirait au développement moral du caractère; il craignit même que le désir de la possession ne produisît un effet contraire à celui que j'espérais, et ne fît naître une cupidité précoce et ineffaçable. Ces craintes, si sages qu'elles puissent être, ne me paraissent pas assez

On pourrait aussi louer à l'école un certain nombre d'arpents de terre qu'elle cultiverait elle-même, et sur lesquels elle produirait presque tout ce qui serait nécessaire à la vie à un prix beaucoup moins élevé que si elle était obligée d'acheter toutes choses au marché.

Pour éviter que les dépenses des élèves fussent soumises à des variations trop grandes, je regarderais également comme très-utile que leur travail fût payé, pour une partie, en nature de grains, et que cette portion fût à peu près de la quantité de pain que chacun pourrait consommer; car le pain, qui, dans la nourriture du riche, est l'objet qui coûte le moins, est, au contraire, celui qui coûte le plus dans celle de l'ouvrier; et, en faisant gagner en blé à chaque enfant ce qu'il lui faut de pain pour vivre, les dépenses de chaque année se trouveraient beaucoup mieux réparties.

Je dirai même, par une digression qui n'est pas tout à fait étrangère au sujet, que, dans toute exploitation rurale, c'est une œuvre d'humanité

fondées pour être de nature à contre-balancer l'avantage qu'il y aurait à façonner de bonne heure ces enfants aux habitudes de soin, d'économie et de prévoyance qui conviennent si bien au cultivateur; j'ai d'ailleurs la ferme espérance que ces dernières dispositions l'emporteraient sur l'esprit de la rapacité. Aussi je persiste dans mon opinion; mais, comme l'opinion opposée mérite d'être examinée à fond, et qu'il peut devenir intéressant de la comparer à la mienne, j'ai cru devoir consigner ici cette observation, et je l'ai fait avec d'autant plus de raison que les questions philanthropiques et sociales sont des questions familières à M. Albert Schillings.

bien entendue que de payer les travaux agricoles,
partie en blé et partie en argent. Je sais qu'il est
des cultivateurs qui cherchent à payer tout en
argent, mais je n'approuve pas cette tendance. La
coutume de payer en blé est une coutume qui rend
meilleur l'habitant de nos campagnes ; elle jette
dans son cœur des idées plus morales ; elle le force,
comme malgré lui, à être utile à sa famille et à
lui-même. L'homme, en effet, qui reçoit tout son
salaire en argent est souvent disposé à en dépenser
une partie, soit au cabaret, soit en achat d'objets
superflus, tandis que celui qui reçoit du blé en
échange de ses services ne le vendra jamais pour
satisfaire un penchant malheureux ou un désir de
luxe, et le fruit de son travail tournera tout entier
au profit de ses enfants. C'est un fait que j'ai eu
souvent l'occasion de remarquer par la comparaison
d'un pays à un autre.

Pour revenir à nos écoles d'agriculture et pour
me résumer, je suis loin d'affirmer qu'elles auraient
tout le succès désirable ; car l'expérience est encore
muette à cet égard, et les méthodes d'enseignement,
quand elles ne sont que purement théoriques, peuvent souvent devenir faibles, inefficaces et super-
ficielles, par telle ou telle cause que la pratique seule
découvre ; mais je dis que créer une pareille école,
et même en essayer seulement la création, en supposant que la réussite ne fût pas complète, ce serait
encore, pour un homme riche et qui a du loisir,
mille fois plus utile, mille fois plus glorieux, mille

fois plus noble, mille fois plus digne de l'humanité, que de consacrer sa vie, comme on le fait de nos jours, à courre le cerf ou de l'exposer dans des courses de clocher à clocher.

CHAPITRE QUATRIÈME.

DE L'ÉDUCATION LA PLUS CONVENABLE POUR UN AGENT ET DE L'INFLUENCE DE LA PRATIQUE SUR CETTE ÉDUCATION.

La destination de l'homme doit influer sur son éducation; aux classes laborieuses il faut une instruction simple et modeste, en harmonie avec la vie future de celui qui la reçoit : si cette instruction ne se pliait pas aux positions, si elle était trop étendue, trop variée, je dirais même, trop libérale, si elle n'était particulièrement adaptée à la classe d'hommes à laquelle on l'applique, elle créerait pour des enfants sans fortune des besoins qu'ils ne pourraient satisfaire un jour. Ces enfants ne doivent donc apprendre que ce qui doit leur être positivement utile, et ils doivent bien se garder de ce qui ne pourra jamais leur servir; autrement, l'éducation ne serait plus un bienfait pour eux; ce serait un fardeau; elle leur deviendrait à charge. C'est là une vérité banale.

Or quel serait le but d'une école intermédiaire d'agriculture analogue à celle d'Hofwyl et se rapprochant de nos écoles d'arts et métiers? Ce ne serait

certainement pas de faire des savants, qu'on appelle
communément agronomes, mais ce serait de former
de simples cultivateurs, de bons contre-maîtres, et
même aussi d'habiles ouvriers, capables d'en diriger d'autres. Dans ce but qu'on ne doit jamais
perdre de vue, l'esprit de pratique et d'utilité exclut
de l'éducation tout ce qui serait superficiel et vague,
comme il en exclut aussi tout ce qui serait trop
élevé, trop transcendant; il s'attache surtout aux
connaissances élémentaires, mais solides et positives;
il rejette ces demi-connaissances qui n'apprennent
à être ni un savant, ni un praticien; il veut, avant
tout, que l'enseignement soit clair et précis, de
manière que les idées se gravent nettement dans la
mémoire de l'enfant.

Hofwyl, à cet égard, mérite encore d'être pris pour
modèle; son enseignement est tout ce que nous
avons dit, rien de plus, rien de moins; il est tout
cela, mais il n'est que cela, et c'est par sa
simplicité même qu'il se distingue. Lire, écrire et
compter, tel doit être, dans son principe, l'éducation de ces enfants; après, vient l'habitude
de bien orthographier et de se servir d'un langage
convenable; on doit y joindre le dessin linéaire, la
levée des plans, l'arpentage et la tenue des comptes
agricoles; plus tard, un peu de géographie et d'histoire complétera cet ensemble, et puis ce sera tout.

Ce sera tout pour l'instruction proprement dite,
mais non pas tout pour l'agriculture; celle-ci, on
l'enseignera et par la théorie et par la pratique, mais

par la pratique, surtout, beaucoup plus encore que par la théorie. Et, pour la théorie même, je ne voudrais pas qu'un seul mot scientifique fût prononcé : les mots vulgaires suffisent à une pareille éducation. Si on devait leur parler de chimie et de physique, je ne voudrais pas que ce fût avec les termes techniques, mais seulement avec le langage ordinaire, pour constater les résultats des faits ou s'en tenir aux notions expérimentales. Est-il utile, par exemple, d'apprendre à ces enfants les noms botaniques des plantes ? est-il utile de leur dire que, dans tous les végétaux, il y a un tissu cellulaire et un tissu vasculaire ? est-il utile de leur démontrer que les plantes ont des glandes à leur surface extérieure, et que ces glandes se divisent en miliaires, vésiculaires, globulaires, utriculaires et papillaires ? est-il utile de leur expliquer que les grains contiennent du gluten, de l'amidon et du mucilage, et dans quelle proportion ces sucs nourriciers sont contenus dans chaque espèce ? Non, non, rien de cela n'est utile. Mais ce qui est véritablement utile, ce qu'il importe de leur apprendre, ce qu'ils doivent savoir avant tout, c'est comment une plante quelconque se cultive, à quelle plante elle peut succéder, comme aussi quelle est celle qui peut la suivre, quel est l'engrais qui lui convient, si cet engrais doit lui être immédiatement appliqué ou s'il doit l'être aux récoltes précédentes, quels labours on doit donner au sol, quels hersages doivent suivre ou précéder ces labours, quel est enfin le meilleur mode d'ense-

mencer, de récolter et même de vendre. Ce qui est
encore véritablement utile, c'est de leur apprendre,
relativement aux bestiaux, quelle est la nourriture
qui convient à chaque espèce, s'il vaut mieux, dans
telle ou telle circonstance, élever ou acheter, à quel
âge on doit faire les achats et à quel âge on doit faire
les ventes, quel est le produit qu'on peut retirer soit
d'un troupeau de bêtes à laine, soit de l'entretien des
bêtes à cornes, soit de l'élève des porcs, et quel est
le genre de bétail qu'il faut préférer dans une
position donnée.

A l'appui de ces leçons, viendra la pratique, non
pas la pratique dans un livre, non pas la pratique
en miniature, mais la pratique en grand, la pratique
dans les champs. Elle marchera côte à côte avec la
théorie, et de cette pratique bien entendue naîtra
l'exclusion de la routine, qui est aussi la pratique,
moins l'attention de l'esprit. On n'aurait même pas
besoin, dans les établissements de ce genre, de chaire
d'agriculture; pour bien cultiver, il ne faut que du
bon sens et de l'observation; à l'œuvre, cela s'apprend tout seul; c'est sur le sillon même, c'est en
travaillant qu'on s'habitue à connaître la terre
et à apprécier les récoltes qu'elle peut ou non
porter.

Et, remarquons-le bien, dans cette école le travail
sera toujours réel, toujours sérieux : il aura, pour
cette raison, une efficacité immense que personne
ne pourra lui refuser. Dans tout autre enseignement,
il est difficile qu'il n'ait pas un but fictif : quelle

différence, en effet, entre ce travail si clairement, si manifestement productif, et cette jonglerie que je lisais un jour dans un prospectus d'école parisienne, qui s'intitulait école d'agriculture :

« Pour enseigner l'art d'irriger, nous tracerons
« nos irrigations sur un bloc de glaise qui nous per-
« mettra de varier à volonté les formes de notre
« terrain; un niveau à bulle d'air et quelques cou-
« teaux formeront tous nos agrès ; enfin un baquet
« placé au point culminant de notre prairie modelée
« fera office d'étang. »

Faire ainsi de l'agriculture, c'est en rêver l'ensei-gnement, mais ce n'est pas le comprendre; c'est se mettre, par une ridicule ressemblance, à l'unisson de ces professeurs d'Athènes qui, dans un amphi-théâtre académique, enseignaient aux jeunes gens à commander des armées.

Dans une école d'application, on ne doit pas fausser ainsi l'instruction, mais on ne doit pas non plus l'élever outre mesure; on doit plutôt l'étendre convenablement en joignant peu à peu l'art au métier. Aussi ce n'est que lorsque l'enfant, jeune en-core, aura fait connaissance, par le maniement, avec les objets qui l'entourent, qu'on lui expliquera leur action et leur mécanisme ; il ne connaissait que les formes, et il s'attachera aux choses elles-mêmes; par le jugement, il s'appropriera les opérations qu'il exécute de ses mains; il étudiera avec complai-sance ce qui est dans la nature de ses travaux quo-tidiens ; il se rendra compte de tout avec une parfaite exactitude, et chaque soir, en faisant l'examen des faits de la journée, il s'apercevra que chaque journée aura agrandi le cercle de ses connaissances.

Quel heureux effet ne devrait-on pas attendre aussi de la communication constante des élèves entre eux, soit par des réunions continues, soit par la lecture simultanée des mêmes ouvrages, soit par l'émission volontaire et libre, mais bien dirigée, de leurs mutuelles observations ! Que d'enseignements utiles ne résulteraient-ils pas de ces conversations franches qui naîtraient presque en tous lieux ! Comme l'instruction élémentaire, qui se perd et s'oublie si facilement, serait sans cesse entretenue et porterait tous ses fruits ! Où trouver de meilleures leçons données à si peu de frais ? N'est-ce pas là l'apprentissage le plus simple et le plus naturel ? n'est-ce pas aussi le plus vrai ?

Je n'entends pas dire, toutefois, qu'on devrait se borner à l'application matérielle ; on devrait en même temps poser les principes de l'art. Savoir la pratique décousue des faits ne suffit pas. Il faut, de plus, à l'esprit une étude qui apprenne comment ces faits se développent dans un ordre régulier ; outre leur connaissance intrinsèque, il faut connaître les lois qui président à leur arrangement, et qui régissent leurs relations les uns à l'égard des autres. Ces lois forment ce qu'on appelle l'assolement. Je voudrais donc qu'après avoir appliqué ces lois, comme instinctivement et par la routine imitative, on les analysât et on les comparât ; je voudrais qu'on les fît

étudier aux enfants avec toute l'attention possible,
de sorte que la juste appréciation du mécanisme
intérieur de l'assolement et son exécution journalière
donnassent à l'esprit ces habitudes d'ordre et de
clarté, de précision et de rectitude, qui sont la
marque d'une éducation solide. Je voudrais, en outre,
qu'on leur conseillât, s'ils devaient être un jour
appelés à diriger une exploitation, d'apporter, dans
les commencements surtout de cette direction, une
extrême prudence. La plupart des jeunes agriculteurs qui s'établissent n'ont rien qui leur tient plus
à cœur que de se créer un assolement, c'est presque
toujours leur point de départ, et ils le font souvent
sans avoir étudié le sol, sans avoir calculé la force
du terrain; ensuite ils se livrent à l'apprentissage
des faits. De là des fautes sans nombre. C'est précisément le contraire qu'il faudrait faire, en procédant des faits isolés aux faits liés et groupés
ensemble, d'un examen préalable au choix d'un
système. Aussi, si, dans une école d'agriculture, un
homme avait biné, fauché et fané lui-même, s'il
avait rempli toutes les fonctions du métier, à commencer par celles de *vagant* (*), premier degré de

(*) Cette dénomination est une des plus heureuses et des plus
expressives que je connaisse : je ne crois pas qu'elle soit usitée ailleurs que dans notre contrée picarde. Ce mot, qui vient évidemment
des mots latins *vagari, vagans*, vaguer, aller çà et là, s'applique, chez
nous, à un enfant de 15 à 16 ans, qui est chargé de tout le travail intérieur de la cour; c'est lui qui, tous les matins, ôte le fumier de l'écurie,
qui apporte les fourrages destinés aux chevaux, et les pailles qu'on
leur donne soit en litière, soit comme supplément de nourriture; c'est

la hiérarchie, s'il avait vu de ses propres yeux le développement de toutes les plantes depuis qu'on les confie à la terre jusqu'à leur récolte et même jusqu'à leur emploi, il y aurait lieu de croire que cet homme connaîtrait les avantages et les inconvéniens de tel et tel mode de culture, qu'il saurait que telle plante peut ou non succéder à telle autre, et qu'il apprécierait bien le succès qu'on peut attendre de telle ou telle entreprise. Le simple ouvrier même qui aurait été enseigné ainsi ne serait plus une espèce de machine; il saisirait le but du travail et s'y prendrait convenablement pour l'atteindre; en un mot, il travaillerait avec jugement.

On objectera peut-être que cette éducation ainsi morcelée, ainsi divisée, où le travail manuel et le travail intellectuel occupent tout le temps du sujet, dans une proportion quelquefois très-inégale, au détriment de l'étude, doit être une éducation fort longue : cela est vrai; mais, s'il en était autrement, on resterait en dehors du but. L'éducation agricole veut être une éducation de longue haleine, et ne peut même être profitable qu'à la condition qu'on

lui qui aide les bergers à affourer les troupeaux. Outre cette besogne, le *vagant* doit obéir à tout ce qui lui est commandé; tantôt on l'envoie d'un côté, tantôt d'un autre; il supplée à une absence; au besoin, il remplace un charretier, et il aspire presque toujours à le devenir : les mancherons de la charrue sont le point de mire de son ambition. En attendant et à l'état de *vagant*, c'est le commissionnaire de la ferme, c'est le va-ci va-là, c'est l'homme à toutes fins. On conviendra que ce mot de *vagant* s'adapte parfaitement à celui qui exerce des fonctions qui n'ont rien de fixe.

y consacrera beaucoup de temps. Tout le monde comprend, en effet, que cette éducation ne peut pas être complétement acquise en une ou deux années; les considérations qui se rattachent aux assolements et à leur mise en pratique sont si nombreuses et si variées (qu'on les prenne soit dans les propriétés naturelles à chaque terrain, soit dans les débouchés des produits, soit dans le plus ou le moins d'aisance qu'on éprouve à se procurer la main-d'œuvre, soit dans une foule de circonstances locales), que ce n'est qu'après plusieurs années, lorsque les mêmes faits se sont reproduits plusieurs fois sous des formes semblables ou différentes, qu'on peut espérer d'avoir acquis un jugement assez sûr pour assigner à chaque plante la place qu'elle doit occuper dans les rotations, et à chaque culture la façon particulière qui doit lui être donnée, conformément aux faits atmosphériques qui se présentent.

J'ajoute un mot, pour ne bercer personne d'espérances illusoires, c'est que, même au bout de six années que durerait cette éducation, il ne faudrait pas encore s'attendre qu'on serait parvenu à former, à 20 ans, un agriculteur accompli; on aurait fait un surveillant plutôt qu'un directeur; on pourrait avoir un homme capable de commander en second, mais non pas d'organiser et d'administrer, surtout pour le compte d'un autre, l'ensemble d'une exploitation rurale. Cet agent aurait appris seulement à apprendre : l'âge et l'expérience feraient le reste.

CHAPITRE CINQUIÈME.

DES QUALITÉS NÉCESSAIRES A UN AGENT ; DE SES RAPPORTS
AVEC LE MAITRE ; CONDUITE DES OUVRIERS ; SURVEILLANCE ;
ORDRE, ÉCONOMIE, ETC.

Des différentes qualités qui sont l'attribut dis-
tinctif d'un agent principal de culture, la première
de toutes, celle à laquelle j'attache le plus d'importance, c'est que l'agent ne se mette pas à la place du
maître et qu'il ne substitue pas ses propres idées à
celles de ce dernier. Souple, doux, et presque sans
volonté à lui, il doit faire exécuter ponctuellement
le plan qui lui a été tracé, les ordres qu'il a reçus ; ce
n'est pas à dire que, si ce plan lui paraît défectueux,
si ces ordres lui paraissent mal applicables, il
n'aura pas le droit de présenter ses observations ;
c'est même son devoir de le faire : mais, une fois son
avis donné, s'il ne prévaut pas auprès du maître,
si celui-ci insiste pour sa première idée, l'agent n'a
qu'une chose à faire, c'est d'obéir sans marquer de
mauvaise humeur, car il est bien juste que celui qui
paye soit aussi celui qui décide. Pour mon compte,
je ne ferais aucun cas d'un agent qui semblerait
accéder à ma volonté, et qui derrière moi chan-
gerait mes ordres de propos délibéré.

D'un autre côté, un maître habile consultera
souvent son agent, si celui-ci mérite sa confiance.

4

Ceci nous amène à fixer quelle est la part d'influence, quelle est la latitude qu'il convient de donner à un agent dans ses opérations. Sans doute, ce serait beaucoup trop que de lui laisser carte blanche : mais, à mon avis, tout l'ensemble doit être combiné entre le maître et l'agent, pour que ce dernier comprenne mieux l'étendue de ses devoirs : quant à l'exécution, c'est l'agent qui doit y présider et en avoir toute la responsabilité. S'il arrivait que le maître donnât de son cabinet tous les ordres, même ceux de détail, rien n'irait bien ; car ce n'est que sur les lieux, sur le théâtre même du travail qu'on peut réellement juger le mérite de l'ordre qui a été donné, et il n'est pas un cultivateur qui, après avoir ordonné de labourer ou de herser telle ou telle pièce de terre, parce que de loin il pensait que ces opérations pourraient être utilement exécutées, ne les ait contremandées en se rendant lui-même sur les champs où elles avaient lieu. C'est surtout dans les absences du maître que la nécessité du commandement direct par l'agent se fait sentir plus vivement encore. Si, en effet, les ordres étaient donnés par le maître, de telle manière que l'agent n'eût pas le pouvoir de les modifier, même lorsque les changements sont indiqués par les variations de l'atmosphère, celui-ci se voyant continuellement entravé en éprouverait un profond dégoût, et l'établissement serait rapidement entraîné à la dérive, parce que l'agent ne prendrait plus que peu d'intérêt aux résultats économiques qu'on pourrait obtenir.

En agriculture, les idées justes sont bien plus nécessaires que les idées brillantes, et même les idées justes doivent encore être accompagnées de tâtonnements et de défiance en soi-même : par conséquent, il faudrait pour agents choisir autant que possible des hommes d'un sens droit et intelligent, dont il fût facile de plier le caractère et les dispositions aux habitudes qu'on veut leur faire prendre.

Du reste, avant d'aller plus loin, disons que les qualités de l'agent et du maître sont souvent les mêmes, et que ce qui sera dit pour l'un pourra naturellement être appliqué à l'autre. Nos conseils sont à l'adresse de tous deux.

L'art de conduire les ouvriers exigera, de la part d'un agent, une étude toute particulière. Il ne peut pas espérer qu'ils lui obéiront comme à un maître ; car autre chose est de commander en premier, autre chose de commander en second ; aussi devra-t-il traiter les ouvriers avec douceur et justice, mais sévèrement ; il devra s'étudier à les bien placer, chacun à son véritable poste, afin de profiter des moyens naturels de tout individu : il devra surtout éviter de se faire, en aucune circonstance, leur camarade ou leur égal. Le maître, de son côté, devra avoir pour son agent beaucoup d'égards, de manière que les domestiques en soient témoins et demeurent convaincus qu'on a de la déférence pour celui qui est leur second maître ; autrement, n'étant pas respecté par son supérieur, il ne le serait pas non plus par ses inférieurs, et n'aurait aucune autorité sur ces derniers. Avec les égards que j'indique, un agent s'estimera heureux de sa condition, et, en règle générale, il faut toujours faire en sorte que les hommes qu'on emploie soient satisfaits de leur sort; sans cela, il n'y a aucun bon parti à en tirer.

Le cultivateur a quelquefois lieu de se plaindre de l'infidélité de ses ouvriers, quoiqu'il y ait d'honorables exemples de probité; aussi l'œil de l'agent ne doit jamais les quitter. Ne pas les épier, ce serait en quelque sorte les encourager à mal faire, ce serait presque se rendre complice des fautes qu'ils pourraient commettre.

Dans une manufacture, tout est prévu d'avance; dans une ferme, tout est à prévoir. Dans la première, chaque jour ramène le même travail; dans l'autre, on change souvent le travail dans la même journée. Un rayon de soleil, une pluie, un coup de vent suffisent pour faire révoquer complétement et immédiatement les ordres qui ont été donnés une demi-heure auparavant, et ces modifications ont quelquefois lieu trois et quatre fois pour un jour. De là la nécessité de rassembler tous les ouvriers épars et de leur distribuer une nouvelle tâche, à chacun suivant son engagement et sa capacité. On conçoit alors ce qu'il faut d'activité, de zèle et d'assiduité de la part de l'homme qui préside à l'administration d'une ferme.

Aussi celui qui, tout jeune et en travaillant, acquerrait, dans une école pratique d'agriculture, les connaissances du métier, celui-là aurait toujours,

comme agent, une puissance et une précision de
commandement, que n'aurait certes pas au même
degré celui qui, sans avoir approfondi les connaissances pratiques, serait cependant plus initié aux
secrets de l'art et de la science. S'il avait pratiqué
toutes les opérations manuelles de l'agriculture, il
saurait un jour inspecter ceux qui les pratiqueraient;
s'il avait lui-même pansé et conduit des chevaux,
il saurait les faire conduire et panser ; s'il avait semé
de sa propre main, il saurait diriger un semeur ; s'il
avait exécuté certains travaux à ses risques et périls,
à sa tâche d'enfant et puis à sa tâche de jeune
homme, il connaîtrait la valeur de la main-d'œuvre,
la durée des opérations, le salaire qu'elles méritent;
ce salaire, il ne le ferait ni trop grand, ni trop petit,
il le ferait ce qu'il doit être. Enfin il saurait apprécier toutes les difficultés, et remarquons que ceci
n'est pas sans importance. Toutes les fois qu'on
adresse un reproche à un ouvrier, sa réponse est
toute faite, toujours la même et la voici : *Ce travail
est très-difficile*, ou bien, *ce blé est dur à battre*,
ou bien, *ma charrue marche mal*, ou toute autre
chose de semblable. C'est donc un grand point pour
un agriculteur que de savoir mettre la main sur la
difficulté même du travail, de discerner là où finit
le bien et où commence le mal. Or cette distinction
du possible et du non-possible, cette distinction du
juste milieu dans le travail des fermes, n'est pas
chose aussi facile qu'elle le paraît : elle est soumise
à une foule de circonstances qui peuvent la faire

varier à l'infini ; elle échappe souvent à l'œil le plus
exercé. Admettons maintenant qu'on ne la saisisse
pas et voyons la conséquence. Si l'ouvrier, en allé-
guant la difficulté, comme insurmontable, et en se
couvrant de l'impossibilité de mieux faire, cherche
à duper son maître, soyez sûr qu'il ne le fera une
seule fois, mais dix fois, mais cent fois, mais toujours ; soyez sûr que plus le maître se montrera
ignorant ou inhabile à juger les faits, plus l'ouvrier
sera disposé à réitérer ses fraudes et ses mensonges.

L'ordre est aussi une des premières qualités du
maître et de l'agent; mais on ne peut se dissimuler
que l'harmonie des détails, qui constitue ce qu'on
appelle l'ordre, est beaucoup plus difficile à introduire dans une entreprise agricole que dans une
entreprise industrielle. Dans une fabrique, tout se
meut, tout se fait, tout s'exécute comme par poids et
mesure ; les opérations du jour sont moulées sur
celles de la veille, comme celles du lendemain le
seront sur celles du jour; chaque heure, chaque mi-
nute ramène le même travail; chaque ouvrier a sa
tâche, sa spécialité ; et, par l'effet de la division du
travail, cette tâche, cette spécialité ne l'abandonnent
jamais, parce qu'elles renaissent comme d'elles-
mêmes. En agriculture, il n'en est pas ainsi : de là
vient que l'ordre y est plus difficile, et que les règles
générales s'y établissent moins bien. Je ne veux pas
dire qu'il ne faille tenter aucun effort pour baser ses
opérations sur des lignes tracées à l'avance; au contraire, plus la chose est difficile et plus elle demande

de soin et d'attention; plus peut-être elle est importante, et plus on doit s'y attacher; seulement je veux dire qu'il faut se défier de porter un jugement trop sévère à la simple visite, à l'inspection seule d'une ferme : souvent on y trouve de la négligence dans les cours, où l'on voit traîner çà et là une infinité d'objets qui devraient avoir une place particulière et la retrouver constamment. Cela serait mieux, sans doute; mais en tout il faut se renfermer dans les bornes du possible et de l'utile. Or est-il possible, est-il rigoureusement utile qu'une cour de ferme soit aussi propre qu'un salon, et que tout y soit rangé avec cette symétrie qui même deviendrait très-dispendieuse, poussée à l'excès. J'ai souvent remarqué que la plupart des cultivateurs qui se montraient les juges les moins indulgents en pareille matière étaient quelquefois ceux chez lesquels à cet égard il y avait le plus à désirer.

Cependant, je le répète, en agriculture, où il y a tant de détails, l'esprit d'ordre et de classement est une bien précieuse qualité, et les personnes qui sont étrangères à la pratique de cet art seraient dans une erreur complète, si elles prenaient pour de l'avarice et de la lésinerie ce qui n'est ordinairement que soin et prévoyance. Tous les abus même très-minimes ont leur conséquence; les uns en amènent d'autres, et, dès qu'ils sont en famille, ils montrent les dents, et il devient très-difficile de les expulser de la maison. Prévenons-les donc, c'est chose plus facile et plus sage. Et, par l'ordre, par l'économie, je n'en-

tends pas la minutie; la minutie, qui, au premier
abord, paraît être l'ordre et l'économie portés au
plus haut degré, n'est souvent que la compagne du
désordre, et quelquefois un profond désordre lui-
même : c'est qu'en s'occupant des détails les plus mi-
nimes on néglige l'ensemble, et pour de petites choses
on en omet de très-importantes, on en omet de capi-
tales. Aussi nous ne conseillons pas la minutie,
mais l'ordre.

On ne doit jamais permettre à un agent de se faire
quelques profits accessoires, de peur que ces profits
n'aient lieu qu'au détriment même de l'exploitation.

Il est des cultivateurs qui ont l'habitude de faire
exécuter à leurs agents quelques opérations manuelles : cette habitude, je l'approuve en particulier, dans quelques rares circonstances (*), mais en
général je suis plutôt disposé à la blâmer. Indispensable en petite culture, le travail d'un maître (et l'agent
est un second maître) devient beaucoup moins utile, à
mesure que les exploitations prennent de l'extension,

_____

(*) Parmi les opérations manuelles qu'un cultivateur peut exécuter
lui-même, il en est une surtout que j'approuve, quoique je ne la pratique pas, c'est l'action de semer. Il y a là un intérêt direct, vrai,
évident, intérêt qui ne consiste pas dans les 30 ou 40 sous que l'on
épargne ainsi, mais dans l'avantage qui résulte que les terres,
suivant le besoin de chacune, soient bien ensemencées, ni trop
dru, ni trop clair, et cet avantage, à mon avis, est incalculable,
immense. Aussi, jamais je ne blâme un cultivateur quand je lui vois
le semoir sur les épaules et sur les bras ; mais je le blâme quand je
lui vois tenir la place d'un simple manouvrier dans tout autre travail :
je le blâme, parce qu'alors, pour économiser 1 ou 2 francs, il en perd
ailleurs 10, 20 et 30 par défaut de surveillance.

et même, dans les grandes fermes, je le considère comme nuisible à l'ensemble, en ce qu'il met obstacle à la surveillance générale. Cependant, si l'agent n'avait qu'un atelier à surveiller, ce qui arrive quelquefois dans les fanages, s'il se trouvait sur une meule où le travail fût en retard et où l'ouvrier eût besoin d'être stimulé, si quelque autre circonstance exigeait qu'il payât de sa personne, rien de mieux que de le voir donner un coup de main ; c'est même dans ses attributions d'en agir ainsi : mais c'est de ces choses qu'on ne peut pas lui indiquer d'avance et qu'il doit comprendre lui-même. Ce travail, d'ailleurs, n'en est pour ainsi dire pas un, et je ne puis que l'approuver; ce que je condamne, c'est un travail constant et régulier.

La répartition des fumiers sur toutes les terres de la ferme exige aussi une grande justesse d'esprit; il ne faut pas être trop généreux pour certaines terres, au détriment des autres : sur celles-ci la disette serait préjudiciable, comme un excès d'abondance le serait sur celles-là. Il faut aussi adapter convenablement chaque espèce d'engrais à chaque nature de terrain.

Un agent doit veiller, avant tout, à ce que les soins qui sont dus à tous les bestiaux, et principalement à ceux d'attelages, soit à l'étable, soit au travail, ne souffrent par aucune négligence. C'est sur lui que repose la distribution de l'avoine, des fourrages, etc.

Toute profession, d'ailleurs, s'exerçant d'après un ordre et une subordination de détails enchaînés les uns aux autres, on pourrait espérer qu'un agent praticien et homme de métier, en sortant d'une école du genre de celles que nous proposons, se mettrait en peu de temps au courant d'une ferme qu'il n'aurait jamais vue, et la surveillerait avec le même aplomb que s'il y était né. Aussi nous ne pousserons pas plus loin cette étude sur les devoirs d'un agent.

En résumé, l'esprit de l'agent agriculteur doit toujours être occupé, toujours en éveil; et j'insiste sur ce point, qu'il y a une grande différence entre l'agriculteur et l'industriel, savoir, que celui-ci n'a jamais qu'un but, une affaire spéciale, tandis que l'autre a toujours devant les yeux une foule de détails qui réclament en même temps et sa pensée et son action. De là vient qu'un bon agent doit dix fois le jour s'adresser à lui-même cette question : *Où ma présence est-elle le plus nécessaire? quels sont les ouvriers sur lesquels ma surveillance doit se porter plus spécialement? quels sont les travaux que je dois visiter de préférence?* En un mot, être au travail à toute heure, le premier levé, le dernier couché, toujours en mouvement, telle doit être la vie d'un agent, vie laborieuse, honorable et pleine.

Nous avons expliqué plus haut dans quelles limites devraient être contenus les pouvoirs d'un agent; mais, s'il arrivait que, dans certaines circonstances, on voulût élargir ses pouvoirs, si on le plaçait comme directeur à la tête d'une exploitation, si on le chargeait d'y créer un assolement, nous ne saurions trop lui rappeler que de la simplicité primitive d'un

système de culture dépend souvent sa réussite ul-
térieure; nous ne saurions trop lui recommander, à
son début dans cette carrière, de chercher à établir
dans la création de son assolement une harmonie désirable entre les parties et le tout, et une répartition
autant égale que possible des travaux de tout genre,
dans toutes les saisons de l'année. Cette harmonie et
cette répartition doivent surtout avoir lieu pour le
temps des hommes et des animaux de trait; car,
si, d'un côté, on ne réglait pas la main-d'œuvre de
tout établissement rural, de manière à ne pas occuper beaucoup plus ou beaucoup moins de bras dans
une saison que dans une autre, on s'exposerait quelquefois à payer des ouvriers supplémentaires plus
cher que le cours, ce qui produit toujours un mauvais effet, ou même à en manquer, ce qui est encore
pis; et, d'un autre côté, si un système de culture
exigeait beaucoup plus d'attelages en été qu'en hiver,
comme on ne pourrait, sans perte évidente, vendre, à
l'approche de chaque hiver, les bêtes qui devien-
draient inutiles par la cessation des travaux, il faudrait être assuré d'avance que ce système payerait
non-seulement les dépenses occasionnées par le surplus d'attelages, mais encore toutes les autres dépenses qui pourraient résulter de la combinaison
adoptée.

CHAPITRE SIXIÈME.

DES QUALITÉS NÉCESSAIRES DANS L'HOMME QUI DIRIGERAIT UNE PAREILLE ÉCOLE ET DES MOYENS DE LA FAIRE PROSPÉRER.

J'arrive ici à une tâche bien difficile, celle de re-
tracer les qualités de l'instituteur qui devra être
placé à la tête de l'école, et c'est là, j'ose le dire,
qu'est la plus grande difficulté, le plus sérieux obstacle d'une pareille fondation. Où trouver, en effet,
cet homme qui ne soit pas seulement un homme de
capacité, mais un homme de dévouement et de cœur;
qui aime, qui étudie et qui comprenne l'enfance;
qui s'identifie avec ses mœurs, avec ses besoins,
avec ses habitudes; qui sache inspirer à ses élèves
cette affection qu'on ne porte qu'à un père; qui,
outré leur affection, se concilie également leur estime et leur respect; qui s'oublie sans cesse lui-
même pour ne penser qu'à ses enfants? Où trouver
cet homme, qui devra joindre une grande fermeté
à une grande douceur, allier une rare complaisance
à une volonté qui ne change pas; cet homme qui,
du matin au soir, vivra au milieu de ses élèves, partagera leur nourriture, présidera à leurs jeux, ins-
pectera leurs travaux, surveillera leur moralité;
cet homme, enfin, qui posséderait une justesse d'esprit assez profonde et une sagacité assez habile
pour que ses élèves, par son contact et comme d'eux-

mêmes, conçoivent de l'attachement aussi pour le sol même qu'ils cultivent et pour le travail qui les fait vivre, qui les instruit, qui les moralise, de manière qu'ils ne travaillent pas seulement parce que leur position les y oblige, mais parce que le travail est pour tout homme, quelle que soit sa condition, un élément de bonheur?

Sans doute, cet homme, s'il se rencontrait, aurait à remplir un devoir laborieux; mais en revanche, lorsqu'à force de zèle il aurait réussi à faire aimer à ces enfants l'agriculture, objet de leurs études, l'agriculture, cette mère des bonnes pensées, qui élève et qui réjouit le cœur, sans doute aussi il en éprouverait un contentement véritable, un indicible et secret orgueil; et ce ne serait pas sa moindre récompense, son moindre soutien dans cette carrière neuve mais pénible, que l'espoir de se dire un jour : *Voilà des enfants qui, sans moi, seraient toujours restés des hommes grossiers, et qui, par mes soins, sont devenus des hommes civilisés, des hommes utiles au pays et au sol.*

Je n'essayerai pas toutefois d'exprimer, par des paroles et en théorie, tout ce qui serait nécessaire à cet instituteur pour une réussite complète, ni d'indiquer le mode qu'il devrait suivre de préférence pour l'enseignement de ces enfants. Il est des choses qu'on n'écrit pas aussi bien qu'on les sent, et celle-là est du nombre. Je craindrais, d'ailleurs, et avec raison, de rester au-dessous de la mission que j'embrasserais, et je me contenterai, cette fois **encore**,

d'avoir recours à Werlhi. Werlhi, si digne de servir
de modèle, tenait exactement un journal où il ins-
crivait les progrès ainsi que les fautes, les bonnes
et les mauvaises actions de chaque élève; il y consi-
gnait aussi ses réflexions sur l'art d'enseigner. Ce
journal, dirai-je ce miroir, où se reflétait la vie de
tous à découvert et nue, je le comparerais volontiers
à deux jolis petits tableaux qui ont paru aux expo-
sitions dernières; tout le monde les y a vus et admi-
rés. L'un représentait une revue de garde nationale
dans une campagne, l'autre une distribution de prix
dans une école communale. Dans le premier, on
croyait assister à une véritable revue, une revue vi-
vante et agissante; autorité et spectateurs, officiers
et soldats, enfants, femmes, vieillards, tout était si
bien à sa place, si bien coordonné, si naïvement
conçu et exécuté, qu'on eût dit les avoir déjà vus
quelque part. Dans le second, à examiner toutes ces
petites figures, si expressives, si franches, si com-
municatives, les unes avec le sourire sur les lèvres,
les autres avec les larmes dans les yeux, celles-ci
abattues et celles-là triomphantes, on était tenté de
s'écrier : *J'ai vu tout cela à l'école de mon village.*
Il en est de même des observations de Werlhi : elles
saisissent l'esprit, parce qu'elles sont justes; elles
vont à l'âme, parce qu'elles sont vraies; c'est que
tout ce qui est pris dans la nature émeut, intéresse
et touche.

Ouvrons donc le livre de Werlhi.

« On me demande souvent, dit-il, comment je

m'y prends pour instruire mes enfants. Je réponds
que je les instruis à toutes les heures du jour. Sans
nuire beaucoup à la plupart des travaux, j'y mêle
une conversation qui puisse les instruire ; également
on causerait tout en travaillant. Je trouve qu'en
plain champ, et au milieu de la belle nature, j'ai
beaucoup plus de moyens pour exercer l'attention
et la réflexion de mes enfants, pour aiguiser leur
esprit d'observation et leur désir d'apprendre, que
l'on n'en a dans les écoles, où les enfants sont entassés entre quatre murailles sombres, et disposés
au découragement et à la paresse : les miens sont
gais, actifs et laborieux. »

Plus loin, il ajoute :

« Tout ce que nous entreprenons avec nos élèves
doit être un moyen de développer leurs facultés
dormantes et d'en déployer le germe. Il n'y a rien
dont ils ne puissent apprendre quelque chose, si on
ne les traite pas comme des créatures sans intelligence, et pourvu, au contraire, qu'on les rende toujours attentifs au but utile, et qu'on leur explique
la raison des choses. A la grande différence des
écoles ordinaires de villages, les enfants, dans la
nôtre, se trouvent préparés à toutes les circonstances
qui les attendent dans la vie à laquelle ils sont destinés. A côté de leurs occupations principales, se
présente une foule d'objets qui deviennent l'occasion d'une instruction qu'ils n'auraient pas trouvée
sur les bancs de l'école ; surtout, ils n'auraient pas
recherché les éclaircissements dont chez nous ils se

montrent si avides, ce qui amène les résultats les plus satisfaisants. Ici les enfants m'adressent mille questions sur tous les objets qui les frappent, et jamais l'instruction n'est plus efficace que lorsqu'elle est sollicitée. L'un me demande : Pourquoi fait-on ici un fossé? Un autre : Pourquoi sème-t-on cette plante dans ce champ et non ailleurs? Un troisième : Pourquoi met-on tant d'espace entre les lignes de telle plante ? Pourquoi fait-on ici un labour superficiel, et là un labour profond? Vit-on jamais pareille instruction dans une école où les enfants sont entassés pêle-mêle, ne bougent pas de leurs bancs, et n'ont devant les yeux qu'une muraille inerte et morte ? »

Ainsi, comme on le voit, l'instruction se donne tantôt à la maison, tantôt aux champs, tantôt en allant et venant. De plus, l'éducation et l'instruction sont intimement liées, et ce lien, c'est l'influence morale qui le cimente, en imprimant à l'enfant le respect des devoirs qui lui sont imposés. Par suite de ces devoirs, chaque individu se résigne volontiers à une discipline paternelle et sévère, et il sait que, lorsqu'il travaille, il ne doit pas travailler par crainte des punitions et des reproches, mais pour l'acquit de sa conscience.

En fait de punitions, en voici une de l'invention de Werlhi : elle est simple, mais efficace. Dans tous les travaux, qui se font en bande et en ligne, comme pour extirper les chardons, les nielles et autres herbes, Werlhi se tenait au milieu du rang. Tous les objets qui tombaient sous le sens des enfants étaient des occasions de questionner et de converser. Et, comme toutes les questions s'adressaient à Werlhi, tous voulaient travailler à ses côtés pour mieux comprendre ses explications, tous voulaient s'approcher le plus de lui. Cependant il ne fallait pas que le travail en souffrît, et que la conversation, au lieu d'être l'accessoire, devînt le principal. Pour éviter cela, il recourait à cet expédient : lorsqu'un des élèves qui se trouvaient auprès de lui se laissait détourner du travail par la conversation, il l'envoyait au bout du rang. Cette petite disgrâce suffisait à maintenir leur attention au travail, et c'était à qui ne l'encourrait pas.

Le dimanche matin, les enfants, sous la direction de Werlhi, écrivaient sur un cahier spécial tout ce que la semaine avait fourni de remarquable. Tantôt c'était le narré des travaux de la ferme, tantôt de petits événements agricoles, tantôt des observations sur la nature, tantôt des traits de morale. Ces cahiers présentaient toujours un grand fonds de bon sens. Par là leur raisonnement était sans cesse tenu en éveil. Aussi pourrait-on citer de ces enfants des réflexions qui font honneur à l'humanité et que nos philosophes moralistes ne désavoueraient pas.

« Voici un trait d'un de nos garçons, dit Werlhi ; nous étions occupés à sarcler un blé, et parmi les mauvaises herbes nous remarquâmes des bluets. L'un d'eux nous dit : Quand j'y pense, je vois qu'il en est des végétaux comme des hommes, c'est-à-dire qu'il y en a des bons et des mauvais. Au milieu des meilleurs hommes, il y en a de méchants, tout comme il y a des plantes nuisibles au milieu des végétaux utiles. Parmi les hommes méchants, il y en a beaucoup qui ont une belle apparence : c'est tout de même avec les plantes. Voilà une fleur de bluet qui est si belle, qu'on ne la croirait pas ce qu'elle est, car c'est l'herbe la plus nuisible : mais nous l'extirpons, et Dieu extirpera les méchants. »

Dans une pareille organisation du travail, on voit qu'on n'a pas pour point de vue le profit matériel, qui est le gain, ni même l'instruction seule, mais l'éducation, mais le perfectionnement de l'homme-enfant. Et il est facile de comprendre comment, par l'application de ce système, les notions positives des choses se fixent sans effort et comme en jouant dans ces jeunes têtes ; comment l'esprit d'observation et de réflexion, sans cesse excité, développe en eux celui de l'ordre et de l'exactitude ; comment aussi ces enfants si ardents, si inquisitifs, si désireux d'apprendre, acquièrent sans peine les idées les plus nettes et les plus précises sur tout ce qui est à l'usage de la vie ; comment enfin élevés dans ce principe que faire à demi, c'est perdre son temps, ils s'accoutument aisément à ne rien entreprendre sans bien faire et sans bien finir ce qu'ils ont entrepris d'abord.

Et il faut voir avec quelle satisfaction, avec quel enthousiasme même, Werlhi s'exprime relativement au plaisir que lui cause le travail agricole, et à l'émulation de ses élèves pour ce même travail.

« Enfin, écrit-il à ses parents à la fin d'un long hiver, enfin nous avons pu, ce mois-ci, aller reprendre notre travail chéri dans les champs. L'hiver a été rigoureux et triste, mais le printemps nous en est d'autant plus agréable. Combien nous sommes heureux quand le matin nous voyons percer le soleil dans notre chambre ! Il est si beau, il nous sourit, et nous croyons qu'il nous crie : *Venez, sortez dans les champs, et réjouissez-vous à cause de moi !* Je suis tout autre maintenant que je n'étais dans mon enfance; quand je suis un jour entier sans pouvoir sortir, le temps me paraît long. La profession de cultiver la terre que Dieu nous a donnée me semble tous les jours plus douce et plus satisfaisante. Mes enfants sont tous de même : leur plus grand plaisir est d'aller travailler dans les champs, et les plus âgés sont déjà des ouvriers actifs et très-appliqués. »

Je partage entièrement les sentiments de Werlhi, et je m'associe de cœur à cette opinion qu'il y a quelquefois en agriculture de bonnes journées et de douces jouissances. Le cultivateur, par exemple, n'a pas encore terminé ses ensemencements d'octobre, que déjà les premiers blés qu'il a semés présentent un aspect verdoyant. Il semble que la nature reconnaissante veuille, par un encouragement plein de charme et de grâce, le récompenser tout d'abord des nouveaux travaux qu'il entreprend. J'avoue que cette époque de l'année est toujours celle qui m'apporte le plus de satisfaction.

Les punitions et les récompenses sont en petit nombre à Hofwyl. C'est à l'efficacité qu'on s'attache. On ne récompense que par la satisfaction et l'approbation du maître, et on exclut soigneusement tout ce qui peut faire naître l'envie, tout ce qui peut flatter la vanité. Les punitions sont, 1° des remontrances courtes et sérieuses, tantôt sans témoins, tantôt en présence des autres enfants; 2° l'éloignement des repas en commun et même la réduction de la portion ordinaire; 3° un châtiment corporel dans les cas graves, et seulement pour les plus petits; enfin le renvoi à toujours de l'école, quand on ne peut faire autrement. Au reste, écoutons encore Werlhi, et nous verrons combien il a raisonné l'art de l'éducation :

« Il n'est pas utile, en éducation, d'employer un trop grand nombre de punitions corporelles; mais on ne saurait nier qu'un usage juste et modéré d'une punition corporelle bien choisie ne puisse être avantageux (*). La plus convenable me paraît être la férule, et je la trouve même très-nécessaire avec les plus petits. Quant aux plus âgés, si un avertisse-

(*) En transcrivant ici le mot de châtiment corporel, nous n'avons d'autre but que d'être exact dans nos citations. On comprendra, en effet, que nous ne conseillons nullement ce vieux mode de punition, qui paraît appartenir à l'ancien régime plutôt qu'à notre époque: Ce châtiment, d'ailleurs, pourrait être appliqué utilement peut-être à des enfants de 5, 6, 7 et 8 ans; mais il ne conviendrait assurément pas à une école qui n'admettrait que des enfants de 12 à 14 ans.

ment paternel ne suffit pas, j'emploie de préférence une vigoureuse remontrance tête à tête, ou une mortification en présence des camarades.

« Lorsque je suis dans le cas d'employer la punition corporelle, il est rare que je l'applique immédiatement après la faute. Je la suspends jusqu'à ce que l'enfant ait eu le temps de la réflexion. Celui qui châtie dans sa colère a un grand tort, et va à contre-fin dans l'éducation. On se montre ainsi aux enfants comme un maître dur et redoutable. On leur fait bien éviter quelque faute par la crainte du châtiment, mais le respect et l'affection des enfants pour le maître se trouvent affaiblis.

« Aux plus âgés, je cherche à faire comprendre que leurs fautes ont pour eux des conséquences fâcheuses. Les enfants pensent plus à l'avenir qu'on ne croit, et on fait sur eux assez d'impression, quand on leur parle de leurs intérêts de l'âge mûr ; ils voient par les soins qu'on leur donne si on les aime, si on leur veut du bien, et ils n'y demeurent point indifférents.

« Dans l'entretien du soir, à cette heure tranquille du recueillement où je distribue l'éloge et le blâme, c'est pour eux un grand plaisir de m'entendre dire que je suis content et qu'ils ont bien fait leur devoir. Ceux à qui je reproche une négligence en sont d'autant plus attristés, et ceux-là sont les seuls qui vont se coucher sans que je leur aie serré la main. Mais il ne faut pas se montrer le lendemain matin comme s'il ne s'était rien passé, et

caresser l'enfant comme à l'ordinaire ; il faut conti-
nuer pendant deux ou trois jours ou plus longtemps,
jusqu'à ce que l'amendement ait eu lieu. C'est ainsi
que l'on corrige! Se montrer presque au même moment fâché et apaisé, c'est faire naître chez les éco-
liers l'indifférence pour tout ce qu'on leur recom-
mande. »

On peut aussi enseigner ces enfants par des lectures faites en commun sur des sujets d'agriculture ;
et c'est ici le lieu de remarquer que les livres en
agriculture sont rarement bons ou mauvais, tout en
entier. Dans les meilleurs, il y a beaucoup de choses
à laisser ; il y en a à prendre dans les plus mauvais ;
et même, dans ce qui est bon, il faut savoir faire un
choix judicieux de ce qui est praticable dans une contrée et de ce qui ne l'est pas dans une autre. D'où il
suit que, pour lire ces livres avec fruit, il faudrait
déjà bien connaître l'agriculture : autrement ils
pourraient inculquer des idées fausses et systéma-
tiques. Mais c'est surtout dans une école pratique
que leur lecture devient profitable : car là, en présence du maître, en présence d'élèves plus ou moins
capables, on peut provoquer des explications sur
des points qui paraissent douteux, sur des pratiques
qui semblent être d'une exécution difficile ; et ces
explications toujours données à propos rendent à la
lecture de ces ouvrages toute l'utilité qu'elle peut
avoir, et lui ôtent tout le danger qui peut en résulter.

Ces lectures, jointes à la pratique, apprennent à

bien cultiver, c'est-à-dire dans les prévisions des circonstances les plus probables. En agriculture, en effet, tout est soumis à des chances : en cela, cet art se trouve avoir avec la médecine des rapports qu'on ne peut nier ; même obscurité, même incertitude dans leurs opérations respectives. Lorsqu'un médecin fait une ordonnance pour un malade, il la fait avec conscience, il la fait dans l'intérêt de l'humanité, il la fait avec l'appui de la science ; mais, si les conséquences ne répondent pas au principe, si l'exception trompe la règle, nous en prendrons-nous au médecin ? Il en est de même de l'agriculteur : il exécute une opération qu'il croit bonne, et qui l'est en effet ; mais cette opération appelle à sa suite, pour réussir, certaines circonstances, par exemple, la pluie ou la sécheresse : or, si la sécheresse survient quand la pluie serait nécessaire, et réciproquement, que faire ? Sera-ce la faute du cultivateur ? A-t-il pu deviner l'atmosphère ?

On ne peut donc faire que le mieux possible, et non pas le mieux d'une manière absolue. C'est sur les lieux mêmes qu'il est facile de se convaincre de cette vérité ; c'est là aussi qu'on acquiert cette certitude que l'homme qui observerait longtemps les opérations exécutées sur une ferme, et qui ne les observerait que comme simple spectateur, n'apprendrait jamais ni aussi vite, ni aussi sûrement, ni aussi bien que celui qui aurait pratiqué lui-même ces opérations ; c'est au travail qu'on s'habitue à prendre les déterminations que chaque incident exige. Je crois même que, si un jeune homme intelligent, en sortant d'une école pratique, était placé, comme surveillant, à la tête d'une exploitation rurale, sous une direction supérieure, il serait utile, pour perfectionner son instruction, de le laisser agir seul et même de lui refuser quelquefois un conseil, en inspectant toutefois ses actions : de cette façon, forcé de prendre lui-même un parti, et par là de réfléchir avant d'agir, il arriverait plus facilement à la connaissance des faits agricoles. L'esprit, ainsi contraint de travailler, fait toujours plus de progrès que celui qui reste, non dans l'inaction, mais dans un état d'obéissance passive.

Je reviens à l'école Werlhi, et je dis en me résumant : si un mot de Werlhi, si cette seule parole jetée au milieu du bruit et de joyeux ébats, *Allons, mes enfants, c'est assez,* suffisait pour les faire rentrer à l'instant même dans l'ordre le plus complet; si une poignée de main, si une caresse de M. de Fellemberg, suffit pour enthousiasmer ces bons jeunes gens, on comprend ce qu'il y a de puissance dans cette éducation. On comprend toute cette puissance, parce qu'on voit que l'obéissance des enfants n'est pas fondée sur un sentiment de crainte, mais sur un sentiment mille fois meilleur, celui de la confiance et de l'affection. Sans doute, on ne trouverait pas partout ailleurs, ni de tels maîtres, ni un tel ascendant : mais, fît-on moins bien, on pourrait encore réussir, et fonder quelque chose de vraiment utile. Pourquoi de pareilles écoles n'essayeraient-elles pas de naître en France (*)?

(*) L'essai de ces écoles a déjà été tenté. M. Jules Rieffel, directeur de l'établissement agricole de Grand-Jouan, près Nozay (Loire-Inférieure), a fondé sur son exploitation une école destinée à former des agents et des contre-maîtres agricoles, et a fait imprimer, il y a quelques mois, une notice servant à constater les résultats de ses premières années : n'ayant pu me procurer cette notice, même en m'adressant à l'auteur, qui n'en avait pas conservé d'exemplaires, j'ignore quelles sont les bases de cette fondation. Si j'en crois cependant les rapports verbaux qui sont venus jusqu'à moi, cette école ne ressemblerait pas positivement à celle d'Hofwyl, mais se rapprocherait davantage de celle que je propose : les jeunes gens n'y seraient admis que de 18 à 20 ans, et on aurait principalement pour but d'en faire de bons aides de culture. Au surplus, quels que soient les principes qui ont présidé à la formation de cette école, principes que je ne puis discuter sans les connaître, j'ai la confiance intime que cet utile établissement, à moins qu'il ne se présente un obstacle insurmontable, ne peut que prospérer et produire beaucoup de bien, sous la direction de M. Rieffel, un des sujets les plus distingués qui soient sortis de l'école de Roville.

Notre concitoyen de département, M. Bazin, du Ménil-Saint-Firmin, dont les travaux agricoles sont bien connus et justement appréciés, a fait également, depuis plusieurs années, des essais pour la création d'une école à peu près semblable à celle d'Hofwyl, et il a réussi à fonder chez lui une petite colonie de 10 à 12 enfants recueillis à divers âges, mais principalement de 8 à 10 ans, et pris dans différentes conditions, élevés à la campagne ou à la ville, orphelins ou ayant des parents. Cependant M. Bazin préfère les orphelins : d'un côté, c'est la classe la plus malheureuse, et, à ce titre, celle qui mérite le plus d'attirer la pitié publique ; c'est aussi la classe qui, le plus ordinairement, est dirigée vers le mal, et conséquemment celle que la société a le plus d'intérêt à redresser : d'un autre côté, des orphelins se plieront à une règle de discipline plus facilement que des enfants qui, à la moindre contrariété, tourneraient leurs regards vers le toit paternel ; ils consentiraient aussi plus volontiers à quitter leur pays pour se rendre dans les établissements même fort éloignés où on les demanderait. M. Bazin estime qu'un enfant, pris à 8 ou 9 ans, et restant jusqu'à 20 ans, peut rembourser les frais qu'il occasionne.

Le but de M. Bazin est de former des hommes utiles à l'agriculture, disposés à exécuter partout les bonnes méthodes avec lesquelles ils

CHAPITRE SEPTIÈME.

DES AUTRES ÉTABLISSEMENTS D'HOFWYL, DANS LEURS RAPPORTS
AVEC L'AGRICULTURE ; QUELQUES MOTS SUR L'ENSEIGNEMENT
AGRICOLE SUPÉRIEUR ; DE LA DIRECTION QU'IL CONVIENT DE
LUI DONNER.

Parmi les personnes qui liront cette notice, il
s'en trouvera qui, étrangères à l'agriculture, n'auront jamais entendu parler d'Hofwyl, et ce que j'en
ai dit jusqu'ici ne leur ferait connaître qu'une partie
de ce grand ensemble. On pourrait croire, en effet,

seraient familiarisés : leur apprendre à tous à lire, écrire et compter,
et ne donner une instruction plus étendue qu'à ceux qui annoncent
des dispositions particulières ; tels sont les moyens par lesquels
M. Bazin fait en sorte qu'un enfant simple et robuste devienne un bon
ouvrier, un plus adroit un artisan ou un chef d'attelages, enfin un
plus intelligent un contre-maître capable. Si tous se croyaient intelligents et travaillaient pour devenir contre-maîtres, ceux qui n'auraient
point la capacité nécessaire se trouveraient par la suite dans une
fausse position ; il vaut mieux que tous pensent qu'ils sont destinés à
faire de bons ouvriers et qu'il n'y aura de contre-maîtres que ceux
qui se distingueront : réflexion très-sage et qu'on ne saurait trop
méditer quand on reçoit des enfants de 8 à 9 ans, pris au hasard. Cette
réflexion, en outre, établit parfaitement la différence qui existe entre
le plan de M. Bazin et celui que nous proposons ; car c'est justement
parce que nous avions compris d'avance toute la portée de cette
observation que nous nous étions faite à nous-même, et parce que nous
avions principalement en vue l'éducation pratique des agents et des
contre-maîtres agricoles, c'est à cause de cela que nous avons pensé
qu'il serait préférable de n'admettre les enfants qu'à un âge auquel on
pourrait déjà reconnaître leurs moyens naturels, et de n'admettre que
ceux dont l'horoscope, tiré d'après les dispositions de chacun, présenterait des chances d'avenir et de succès. Nous ferons remarquer, du
reste, que la pensée de M. Bazin est en quelque sorte plus philanthropique que la nôtre, et nous ne pouvons qu'y applaudir; mais elle ne
répond pas complétement au but vers lequel nous tendons.

d'après ce qui précède, que M. de Fellemberg n'est
qu'un propriétaire, comme tant d'autres, et qu'il a
simplement établi sur sa propriété un institut d'enfants pauvres; mais M. de Fellemberg ne s'est pas
borné là : il n'a pas organisé l'éducation dans le seul
intérêt d'une classe unique, il l'a organisée dans
l'intérêt de toutes les classes de la société. Instruction primaire, instruction intermédiaire, instruction
supérieure, on trouve tout à Hofwyl, et à tout cela
il a joint l'agriculture, non pas comme but, mais
comme moyen. Hofwyl, ce n'est pas un collége, c'est
un corps immense dont tous les membres ont entre
eux une corrélation frappante; c'est l'idée mère de
l'éducation mise à la portée de la classe riche, de la
classe moyenne et de la classe pauvre; c'est, en miniature, l'image fidèle de la société humaine; c'est
une patrie pour ceux qui y ont étudié, et c'est un
monde nouveau pour ceux qui le visitent. On me
saura gré, je l'espère, d'expliquer ici tout Hofwyl en
quelques lignes.

Outre l'école des pauvres ou école rurale, Hofwyl
contient encore quatre autres établissements, savoir :
1° un institut scientifique; 2° une école intermédiaire, 3° une école normale perpétuelle, et, 4° une
école normale trimestrielle pour les instituteurs.

Ainsi il n'est pas une condition qui demande en
vain à Hofwyl l'éducation qui lui est propre; pas un
homme qui n'y puisse trouver l'instruction qui s'a-
dapte le mieux à ses ressources pécuniaires, à son
existence future, à ses moyens naturels. Dans l'ins-

titut scientifique, on enseigne le latin, le grec, le français, l'allemand, les sciences mathématiques et physiques, le dessin, la musique, enfin tout ce qu'on enseigne dans nos colléges. Cet institut convient à la classe aisée; mais, entre le pauvre et le riche, il y a dans le monde une troisième classe, celle pour laquelle l'éducation primaire serait trop peu de chose et qui ne pourrait aspirer à l'éducation supérieure. M. de Fellemberg a compris cette lacune et il l'a comblée : c'est pour répondre à ce besoin qu'il a créé une école intermédiaire. Dans cette école, les études ont une direction plutôt usuelle que littéraire : on ne cherche pas à y faire des savants, on cherche à y faire des industriels, c'est-à-dire des hommes qui pourront devenir un jour de bons commerçants, de bons manufacturiers, de bons cultivateurs.

L'école normale perpétuelle est celle qui a pour objet de former des instituteurs pour les écoles rurales, comme celle de Werlhi : elle est attachée au sort même de cette école, et se compose en grande partie de jeunes gens qui s'y sont distingués et qui désirent pousser plus loin leur instruction, dans l'espérance d'être eux-mêmes appelés à diriger une école semblable. Quant à l'école normale trimestrielle, elle est formée de la plupart des instituteurs primaires du canton de Berne qui sont invités à se rendre, pendant les vacances d'été, à Hofwyl, où on s'efforce de leur inspirer l'amour de leur profession, de perfectionner leur instruction en agrandissant leurs connaissances, et de les exercer aux meilleures méthodes de l'enseignement.

Ajoutons qu'en sortant de l'institut scientifique et de l'école intermédiaire, les élèves qui de l'agriculture veulent se faire une spécialité, une carrière, trouvent encore, chez M. de Fellemberg, à acquérir toutes les notions qui leur sont utiles; ajoutons cela et nous aurons tout dit sur Hofwyl. Nous aurons tout dit, mais nous n'aurons pas jugé. Un autre, bien plus compétent que nous en matière d'instruction publique, M. Saint-Marc-Girardin, a visité tous ces instituts; il a blâmé et approuvé; il a fait toucher au doigt le côté faible et le côté fort; il a formulé son jugement avec une perspicacité que pouvaient seules donner une expérience profonde des choses et une rare intelligence de l'éducation; il a prononcé comme littérateur, comme savant, comme professeur. Quant à moi, je me suis arrêté à la partie agricole; ce qu'il a examiné comme savant, je ne l'ai envisagé que comme praticien, et j'ai espéré que, là où le professeur avait passé, il y aurait encore à glaner pour le simple agriculteur. Je me trouve toutefois heureux de pouvoir proclamer avec lui que, de toutes les institutions d'Hofwyl, la plus neuve, la plus utile, la plus riche d'avenir, c'est sans contredit l'école Werlhi, et qu'en créant cette école M. de Fellemberg n'a fait qu'obéir aux inspirations de la philanthropie la plus pure et de la raison la plus éclairée.

Quoique l'enseignement supérieur de l'agricul-

ture soit en quelque sorte étranger à l'esprit de cette
publication, je ne laisserai cependant pas échapper
l'occasion de lui consacrer quelques pages en finis-
sant. Jusqu'à présent, on n'a pas accordé en France,
à l'éducation agricole, une importance égale à l'influence que cet art peut exercer sur le bien-être matériel de la nation; cette éducation n'a été ni assez
générale, ni assez profonde; je crois même que tout
le monde ne l'a pas bien comprise. Beaucoup de gens
y ont vu l'enseignement d'innovations hyperboliques
et d'essais à perte de vue; ils en ont vu les inconvénients et se sont obstinément refusés à en voir les
avantages. Il est vrai que quelques adeptes des nouvelles méthodes, en faisant une mauvaise application de systèmes qu'ils n'entendaient pas, en s'élan-
çant tout d'abord vers le but le plus élevé, et en
tombant de toute la hauteur où ils avaient voulu se
placer, ont, par une chute éclatante, discrédité l'enseignement agricole; tandis que s'ils avaient bien
examiné avant de se mettre à l'œuvre, et s'ils n'eussent agi en grand qu'après des épreuves réitérées en
petit, le succès, quoique tardif, eût récompensé leur
attente. Quiconque, par exemple, sur une lande
nouvellement défrichée, voudrait obtenir immédiatement des produits semblables à ceux qu'on obtient
en Hollande, en Belgique et dans notre Flandre
française, aurait beau imiter les procédés usités dans
ces contrées, il n'arriverait, certes, pas aux mêmes
résultats, et les frais énormes de culture qu'il don-
nerait à la terre n'étant pas compensés par la valeur

inférieure des productions, on pourrait à coup sûr
lui prédire, dès ses premières années, des désastres
complets, là où son imprévoyance lui avait fait voir
des succès appuyés sur des analogies mal entendues.
Mais faut-il donc ne voir que les exceptions? faut-
il rendre toute l'agriculture solidaire des fautes de
quelques-uns? faut-il prononcer anathème contre
son enseignement?

On conçoit qu'autrefois, lorsque les cultivateurs
vivaient dans l'ignorance et dans une sorte d'asser-
vissement déplorable, ils ne devaient pas songer à
donner à leurs enfants une éducation spéciale qu'eux-
mêmes n'avaient pas reçue : mais aujourd'hui que
les traces de cet état de choses ont entièrement dis-
paru, aujourd'hui que les cultivateurs ont presque
tous reçu une éducation générale, proportionnée à
leurs moyens pécuniaires, pourquoi l'agriculture
n'aurait-elle pas aussi son enseignement supérieur
et professionnel? Comment pourrait-il se faire,
quand tous les autres arts sont enseignés à grands
frais, qu'elle seule ne participât pas aux avantages
communs?

On s'effraye de l'enseignement agricole; mais
voyons ce qu'il doit être. Quel est le but utile de tout
enseignement? c'est de prendre la science dans l'état
où elle est ; c'est de mettre chaque homme, en lui
enseignant toutes les améliorations acquises, dans
la position de ne pas dépenser son temps et son activité à chercher inutilement ce qui est déjà découvert, mais d'accepter les découvertes au point où les

ont laissées ses devanciers, soit pour en profiter, soit pour en poursuivre le cours. Cela est vrai pour toutes les branches de l'instruction, et cela ne peut pas être faux pour l'agriculture. Tel doit être, tel est son enseignement, et, certes, il n'y a rien là qui sente le charlatanisme. Si donc quelques hommes ont pris une mauvaise route ; si leurs idées n'ont enfanté que l'erreur ; s'ils ont trop crié contre ce qu'ils appelaient le scandale des jachères, lorsque les meilleurs esprits établissaient que la jachère est quelquefois utile, nécessaire, indispensable ; s'ils se sont élevés avec trop de véhémence contre l'assolement triennal, qui, je l'avoue, ne peut convenir à tous les sols, mais qui, du moins, convient à quelques-uns ; s'ils ont poussé l'absurde jusqu'à dire, jusqu'à faire croire que, dans cet assolement, un tiers des terres se repose encore tous les trois ans, ce qui n'est pas et ce qui ne peut pas être, laissons ces hommes s'égarer dans leurs utopies, et maintenons que l'enseignement de l'agriculture est aussi utile que tout autre ; mais, en même temps, essayons d'extirper quelques préjugés qui ont pris racine dans l'esprit de ceux-là mêmes qui sont appelés à en recueillir les fruits.

Une erreur généralement accréditée parmi les personnes qui s'occupent de la culture des terres, c'est de s'imaginer qu'un jeune homme qui sort d'une école d'agriculture doit, par cela même, être tout d'abord un agriculteur accompli et consommé, un agriculteur qui n'a plus rien à apprendre. Cette erreur est cause qu'à la moindre faute commise par ces jeunes gens, à la moindre innovation qu'ils tentent et qui ne réussit pas, une espèce de défiance s'élève contre leur capacité, et cette défiance s'étend non-seulement à eux, ce qui serait un fait peu important, mais à tout le système d'enseignement agricole. Certainement tout le monde ne partage pas cette erreur; un peu de réflexion, un peu de bon sens suffit pour la détruire, et à cet effet je poserai cette question : Sort-on général d'une école militaire? nos premiers magistrats se sont-ils assis à 25 ans sur les siéges de la cour de cassation? nos professeurs de médecine ont-ils obtenu une chaire le jour où ils reçurent le grade de docteur? nos meilleurs avocats étaient-ils à leurs débuts ce qu'ils sont aujourd'hui? Pourquoi donc l'agriculture se trouverait-elle dans un état exceptionnel et privilégié? Si l'homme qui sort d'une école de droit n'est pas d'emblée à la tête du barreau, pourquoi l'homme, dès qu'il sort d'un institut agricole, devrait-il être placé par ses connaissances à l'apogée de l'art? Le peut-il? est-il rationnel de l'exiger de lui?

Les livres d'agriculture ne sont pas non plus compris comme ils devraient l'être : je sais qu'il en est beaucoup de très-médiocres, mais tous ne le sont pas, et, quand ils le sont, ils ne le sont pas tout au long. Chacun de nous, et c'est là qu'est l'erreur, a la manie de vouloir les approprier constamment à sa localité, aux circonstances dans lesquelles il agit. Mettez, par exemple, un livre dans la main d'un homme expérimenté, mais qui n'aurait pas l'habitude

6

de lire, si le hasard veut qu'à la première page venue il rencontre une idée qui froisse les siennes, une coutume qui ne soit pas adaptable à son terrain, aussitôt le livre tout entier sera condamné, rejeté; et cependant ce qu'il aura trouvé mauvais pourra être très-utile ailleurs : c'est donc aux généralités du livre qu'il faut s'attacher.

Je me rappelle aussi que plusieurs personnes, sachant que j'avais passé quelque temps à Roville, m'adressèrent cette question : *Cultivez-vous comme on cultive à Roville?* C'était mal comprendre la portée de notre art; c'était le placer dans un système unique, et la copie servile du système adopté dans une école d'agriculture était, d'après cette question, le seul fruit qu'on pût retirer des études faites dans cette école, comme si un seul et même système devait toujours s'appliquer à des localités quelquefois très-différentes de sol et de climat. Les connaissances qu'on puise dans les écoles sont des connaissances générales, et c'est à l'aide de ces connaissances générales que chaque agriculteur peut se former une combinaison agricole, propre à la situation dans laquelle son choix ou le hasard l'aura placé. Ainsi, quant à l'assolement, il est rare qu'il soit avantageux de copier sur un autre, à moins que des circonstances identiques n'amènent pour plusieurs exploitations, même à de grandes distances, le renouvellement des mêmes faits physiques et commerciaux; mais, quant aux détails, il est très-souvent utile de remplacer sa manière de faire par une autre d'emprunt ou de rencontre, quand on juge celle-ci meilleure. Ce n'est pas là un plagiat, c'est un progrès véritable : jamais, sous ce rapport, une fausse honte ne doit nous empêcher d'imiter ceux qui font mieux que nous, et d'abandonner une mauvaise route pour une plus directe. Je ne voudrais pas pénétrer dans l'histoire des peuples pour faire de grandes comparaisons ; j'éprouve cependant le désir d'en placer une que je crois juste : les idées que je viens d'émettre me rappellent que le principe qui a servi de piédestal à l'élévation et à la grandeur de la république romaine est exactement celui que je conseille d'appliquer à notre profession même. Toutes les fois que les Romains trouvaient chez une nation vaincue, ou chez un peuple ami, des usages meilleurs que les leurs, ils n'hésitaient jamais à se les approprier : de là cette supériorité qu'ils acquièrent, cette puissance qui les rendit maîtres de l'univers entier. Nous autres agriculteurs, imitons cet exemple, ne rougissons pas de substituer des pratiques plus profitables à celles de notre invention ; il n'y a jamais de honte à réformer ses défauts, il y en a à y persister, quand on les connaît et qu'on peut y appliquer le remède. En procédant comme je l'indique, nous entrerons dans une voie large d'améliorations et notre carrière deviendra une suite d'enseignements mutuels et permanents.

Ce qui rend plus nécessaire encore l'enseignement agricole, avant la pratique réelle, c'est l'impossibilité de se livrer à l'étude une fois qu'on a mis la main à l'œuvre; il est bien difficile, en effet, de concilier le travail du cabinet avec celui du métier; l'étude ôte au métier l'activité dont il a besoin, et celui-ci, lorsqu'on s'y livre avec constance, empêche l'esprit d'étudier avec suite et persévérance (*).

Dans cet enseignement, tout le monde n'aura pas non plus le même but, tout le monde n'aura pas les mêmes fins. Il y a dans l'agriculture, a dit M. de Dombasle, la science, l'art et le métier, classement admirablement vrai, sur lequel il n'est pas inutile que je fixe de nouveau l'attention.

La science cherche et découvre, l'art compare et choisit, le métier accepte et pratique. L'art sert de transition entre la science et le métier; l'art emprunte à la science, et le métier à l'art; l'art tient à la fois de la science et du métier, mais il se rapproche plus du métier que de la science; car l'art, c'est en quelque sorte le métier pris dans sa plus noble acception, non pas le métier aveugle, matériel, borné, mais le métier scrutateur, intelligent, progressif; non le métier qui ne sait que copier, exécuter, suivre une route tracée, mais le métier qui observe, qui raisonne, qui calcule. Le métier, c'est la pratique seule; l'art c'est aussi la pratique, mais jointe à la théorie. La même culture, en deux mains différentes, peut dans l'une être art, et métier dans l'autre : ainsi, qu'un agriculteur change l'assole-

(*) Une idée analogue à celle-ci se trouve parfaitement développée dans la préface de la 7e livraison des Annales de Grignon.

ment établi par un prédécesseur, c'est à l'aide de l'art que ce changement s'opère ; qu'ensuite cet agriculteur transmette cet assolement nouveau à un successeur, si ce successeur continue cet assolement sans réflexion, je veux dire, par habitude et routine, alors il n'exerce plus qu'un métier : si, au contraire, il le continue après réflexion, c'est-à-dire parce qu'il pense que c'est réellement l'assolement qui convient le mieux aux circonstances, on peut dire que c'est encore l'art qui guide ses pas. La science recherche les causes ; l'art se contente des effets; la première s'attache aux principes, l'autre aux conséquences. L'art marche d'un pas ferme entre la science qui s'élance en avant et le métier qui reste en arrière. La science seule peut quelquefois égarer; l'art, aidé de la science et du métier, promet un gain plus élevé, mais le métier préserve toujours d'une chute.

D'après cela, on conçoit que, suivant les vocations diverses, les uns s'attacheront à la science, les autres à l'art, et d'autres au métier; mais je crois que, dans la position de la plupart de ceux qui recherchent actuellement l'instruction agricole, c'est à l'art qu'ils doivent donner la préférence. En effet, c'est l'art qui constitue le véritable agriculteur; c'est l'art qui apprend à créer, organiser et diriger une exploitation rurale dans un pays quelconque ; qui apprend à produire suivant les débouchés des localités, où on se trouverait tout à coup transporté; qui apprend enfin à adapter un genre de culture convenable à tel sol ou à tel autre. Celui qui ne sait que suivre un assolement tracé peut bien être un habile praticien, mais il n'est pas assurément un agriculteur distingué.

Depuis quelques années, on stimule le zèle agricole, on cherche à faire des prosélytes à cette branche si importante d'intérêts publics, mais le plus souvent on égare la génération qui s'élève. A elle, jeune et ignorante des choses, à ses enfants sans expérience, on leur crie sans cesse : « Faites-vous agriculteur, l'agriculture vous offre une carrière d'argent, chaque innovation vous donnera un profit considérable, chaque épi au soleil d'août jaunira en or, chaque année verra votre fortune s'accroître, se multiplier, se décupler. » Parler ce langage, c'est parler un langage mensonger et captieux : voici celui qu'il faudrait tenir : « Faites-vous agriculteurs; si la carrière de l'agriculture ne produit pas des bénéfices rapides et élevés, du moins elle présente plus de sécurité; dans une entreprise industrielle, vous pouvez gagner beaucoup, mais aussi quelque prudence que vous apportiez à vos affaires, un coup de dé peut tout emporter. En agriculture, si vous agissez avec circonspection, soyez sûr que vous ne vous ruinerez pas, à moins qu'un malheur incessant ne s'attache à vous. Ce que vous pourrez éprouver de pis, ce sera de rester stationnaire. »

Oui, sans doute, l'agriculture est féconde en fausses espérances; mais, en revanche, hâtons-nous d'ajouter (car je veux finir par une idée morale, et cela soit dit sans exclusion aucune pour d'autres professions) que la fortune du cultivateur est presque toujours une fortune bien acquise, soit qu'il la doive à son propre travail, soit qu'il la doive au travail de ses auteurs ; aussi quand un étranger prend place à sa table, quand il s'assied à son foyer, il peut le faire presque toujours avec un certain contentement en soi-même, avec une sorte de plaisir intérieur exempt d'anxiété, je dirai même , avec un sentiment analogue à celui qu'on éprouve lorsque, dans le monde, on s'approche avec respect d'une femme chaste, aimable et belle : c'est que l'aisance du cultivateur, on l'estime parce qu'on sent que la source en est pure, parce qu'on sent qu'elle a été faite lentement et sagement, honnêtement surtout.

NOTE ADDITIONNELLE.

Au moment où ce travail était sous presse, je suis enfin parvenu à me procurer la notice de M. Jules Rieffel sur les écoles primaires d'agriculture. Je la dois à la bienveillance et aux soins empressés de M. Soulange Bodin, vice-secrétaire de la Société royale et centrale d'agriculture, l'un des meilleurs comme des plus éloquents soutiens de la cause agricole. Les idées de M. Rieffel se rapprochant souvent de la plupart de celles que j'ai émises, et leur donnant, en quelque sorte, la main, mes prévisions acquièrent ainsi la sanction de l'expérience. Je ferai ici, pour les détails, une analyse succincte de ce travail si plein de faits; mais, quant au but de l'institution, c'est l'auteur lui-même qu'il faut écouter :

« Il manque à l'agriculture française, dit-il, « cette classe d'hommes précieux placés à l'armée « entre l'officier et le soldat; dans l'industrie manu- « facturière, entre l'ouvrier et le fabricant. Là, cou- « rageux sous-officiers, connaissant leur école de « peloton; ici, contre-maîtres actifs et intelligents, « tous habiles et forts dans leur partie... »

« Pour de vastes domaines, on trouve déjà un
« assez grand nombre de régisseurs capables, parce
« que cet emploi peut satisfaire bien des ambitions ;
« mais le nombre de ces propriétés est restreint, et
« il existe beaucoup plus de fortunes moyennes, de
« celles précisément où le secours d'un agent secon-
« daire, moyennement rétribué, peut apporter de
« notables améliorations d'ensemble et de détail. »
« Dans l'état social actuel, ces hommes sont
« rares.... »
« La classe d'hommes destinée à former des
« contre-maîtres et des premiers valets pour l'agri-
« culture est donc entièrement à créer..... »
« Les élèves destinés à suivre les écoles primaires
« d'agriculture devront nécessairement être pris
« dans les rangs les plus misérables des habitants de
« la campagne...... L'enfant du pauvre, jeté sans
« forces à la misère dès le maillot, acceptera
« avec reconnaissance l'amélioration que nous pré-
« sentons à son sort. Robuste, dur à la fatigue, ha-
« bitué aux intempéries, mieux développé ensuite
« par un nouveau régime de nourriture saine et
« abondante, il restera sans cesse à la tête des ou-
« vriers qu'on lui donnera à diriger un jour. Fa-
« çonné à la discipline de l'école, à l'ordre invariable
« des heures de travail, d'études et de repos, il ap-
« portera, dans l'exercice de ses fonctions, cette
« ponctualité que l'on remarque dans les anciens
« militaires, qualité précieuse en tous lieux pour
« l'homme qui commande et pour l'homme qui obéit.

« Instruit enfin des connaissances élémentaires de
« sa langue et du calcul, comme de la théorie et de
« la pratique de l'agriculture, il sera capable de
« rendre des comptes, d'écrire une lettre, de com-
« biner et de diriger une série de travaux qu'on lui
« aura confiés. »

Telles furent les considérations qui déterminèrent
le conseil général de la Loire-Inférieure à fonder,
sur le domaine de Grand-Jouan, une école primaire
d'agriculture, en confiant à M. J. Rieffel vingt jeunes
paysans pauvres, et en lui laissant entièrement la
direction de cette école.

On voit, par les citations qui précèdent, que mon
but est tout à fait le même que celui de M. Rieffel ;
il y a identité parfaite entre son intention et la
mienne, qui toutes deux peuvent se résumer ainsi :
Créer par le travail et pour le travail cette classe
intermédiaire qui, en agriculture, établissant une
transition entre le maître et les ouvriers, serve
comme de cheville pour lier plus intimement les rapports nécessaires du premier avec les seconds.

Si pour les détails je diffère sur quelques points
avec M. Rieffel, c'est presque toujours sans que le
fond même de la pensée, l'ensemble de la chose, en
éprouve de variations sensibles. Entrons d'ailleurs
dans quelques vues, dans quelques résultats d'organisation.

Les vingt premiers jeunes gens reçus à Grand-
Jouan étaient âgés de 15 à 18 ans ; quelques-uns
quittèrent l'établissement peu de jours après leur

entrée. C'est avec raison que M. Rieffel mentionne cette fuite; car il est probable que pareille chose arriverait partout ailleurs. Ce serait tomber dans une grave erreur que de s'attendre que tous les enfants accepteront de prime abord la règle de discipline sans laquelle cependant on ne pourrait marcher. Tantôt ce sera la nourriture qui ne paraîtra pas assez bonne; tantôt ce sera le travail qui ne conviendra pas; l'ordre aussi imposera une contrainte et une gêne qu'on voudra secouer; toute autre cause semblable amènera des évasions. Ce qu'il y a de mieux à faire, en pareil cas, c'est d'ouvrir aux fugitifs les deux battants de la porte : ceux qui ont l'intention réelle de rester auront grand soin de les refermer sur les déserteurs.

Dans le choix des enfants, M. Rieffel s'attache d'abord aux orphelins, puis, à défaut de ceux-ci, aux plus nécessiteux. Cette marche n'est pas seulement la plus philanthropique, elle est aussi la plus sûre, et par conséquent la meilleure. En effet, l'enfant qui est né de parents pauvres, mais honnêtes, trouvant en quelque sorte plus de douceurs dans l'institution qu'au sein même de sa famille, se façonnera mieux aux habitudes de travail qu'on lui dictera et au genre de vie qu'il devra mener; celui, au contraire, qui provient de parents aisés, aurait trop souvent motif de regretter la maison paternelle, où il avait plus de loisir, plus d'agrément peut-être, et surtout plus de liberté. On obtiendra du premier plus de soumission; le besoin de se faire une position, la nécessité de se créer un avenir en feront aisément un sujet plus studieux, plus appliqué, plus travailleur. M. Rieffel ne dit pas, toutefois, que ce soient là les raisons sur lesquelles il a basé sa préférence pour les orphelins et les plus nécessiteux; mais je crois qu'elles se lient bien à sa pensée et peuvent lui servir d'analyse et de complément.

M. Rieffel pense, comme moi, qu'il serait sans utilité et non sans désavantage, vu notre état social, d'admettre les enfants trop jeunes; l'âge qui lui paraît préférable est de 15 à 17 ans. D'abord, en les prenant de 5 à 8 ans, au lieu de 16, leur séjour à l'école devant durer 12 ou 14 ans, au lieu de 4 ou 5, on n'instruirait, par cette méthode, qu'un nombre d'enfants environ trois fois moindre que par l'autre méthode. A cela vient se joindre une autre considération : M. Rieffel n'estime pas qu'un enfant pris à 15 ans puisse subvenir à tous ses besoins, à plus forte raison un enfant pris à 8 ans; avec celui-ci il y aurait une perte énorme. Je partage complétement l'opinion de M. Rieffel pour l'enfant de 8 ans; les recettes seraient au-dessous des dépenses : il faudrait trop d'avances et trop de sacrifices; mais je ne la partage pas d'une manière absolue pour l'enfant de 15 ans. En principe, je suis, comme M. Rieffel, partisan d'une subvention, en vue d'une meilleure éducation et d'une plus solide instruction; mais, à la rigueur, je tiens comme vrai qu'un enfant de 15 ans peut se suffire à lui-même par son travail; seulement, à ne pas lui venir en aide, il en résulterait deux inconvénients : le premier, c'est que, forcé de travailler pour vivre, il aurait trop peu de temps à consacrer à l'étude; et le second, c'est que, pour réussir, il y aurait lieu de recourir à une parcimonie poussée à l'excès, à une parcimonie qui ressemblerait tellement à la misère, qu'à son aspect tout cœur généreux se soulèverait, ému de pitié. Aussi, je le répète, je crois à une possibilité mathématique; mais, en ami de l'enfance, je reculerais devant l'application.

Quant au temps que les élèves doivent passer à l'école, M. Rieffel pense qu'il est inutile de le limiter : ce temps sera de 2, 3 ou 4 ans, suivant les moyens intellectuels et la force physique de chacun. A quoi servirait, en effet, d'en limiter la durée? Si leur volonté est de partir, nous n'avons aucun moyen légal de les retenir : tout au plus, pourrait-on arriver à ce but par des clauses coercitives et pénales, arrêtées d'avance par conventions spéciales : mais, en supposant cela possible, quel bon service pourrait-on tirer d'un homme qu'on emploierait en quelque sorte malgré lui? le mieux est de ne fixer aucun terme de départ, et de laisser à l'élève la latitude de partir quand bon lui semblera, en lui faisant observer toutefois qu'il y va de son bien de ne pas quitter l'établissement avant d'avoir terminé le cours ordinaire des études d'après le plan adopté. Ainsi, les élèves se sentant une liberté entière, très-peu en abuseront, parce qu'ils verront dans un départ trop précipité la perte de leur avenir.

Les départs, chez M. Rieffel, ont lieu individuellement et non en masse, ni même par série de renouvellement. Les remplaçants, n'arrivant qu'un à un, suivent tout naturellement l'ordre établi, tel qu'ils le trouvent. Si l'école était renouvelée d'une seule fois, il y aurait une perturbation immense tant pour l'école elle-même que pour la culture : ce serait pour un directeur une position inacceptable. Cette remarque est d'une grande justesse ; cependant je pense qu'il n'y aurait pas d'inconvénient à la renouveler par cinquième ou par sixième : mais la renouveler en masse serait se créer à plaisir des impossibilités.

Le budget d'une pareille école en est en quelque sorte la pierre d'achoppement, et mérite de fixer l'attention d'une manière toute particulière. Sur ce point, je n'avais pas osé hasarder de chiffres, craignant qu'ils ne parussent s'appuyer que sur des données imaginaires et fictives ; j'avais seulement jeté en avant cette idée, basée sur des analogies, qu'une subvention de 150 fr. par tête et par année me semblait suffisante pour que l'école pût subvenir, en y ajoutant le fruit de son travail, à ses frais d'entretien et d'éducation. En cela, je ne croyais pas être aussi près de la vérité, et ce n'a pas été sans plaisir pour moi que la brochure de M. Rieffel m'a appris que l'école du Grand-Jouan était subventionnée d'une même somme de 150 fr. pour chaque élève, moitié par le conseil général de la Loire-Inférieure et moitié par le ministre de l'agriculture. Mes calculs, si je les

avais établis, n'eussent été qu'à l'état de prévisions
et de doute: ceux de M. Rieffel sont à celui de pratique, mieux encore de succès.

Voici, d'après la comptabilité de cet établissement,
le résultat moyen des dépenses et des recettes an-
nuelles d'un élève.

RECETTES.

Travail effectif, 8 heures par jour, à 64 c. la journée,
   pour 300 jours.   192
Un vingtième de l'allocation départementale.   75
Un vingtième de l'allocation du ministre de
   l'agriculture.   75
                                  342

DÉPENSES.

Frais de ménage, à 58 c. par jour pour l'année. 212
Frais d'études, livres, plumes, papier, etc.   10
Appointements et nourriture du professeur.   32
Entretien du mobilier, couchage, vaisselle.   7
Maladies, médecin, médicaments.   6
Récompense départementale, somme obli-
   gatoire.   75
                              342

En multipliant tous ces chiffres par 20, on aura le
budget total pour les 20 élèves, s'élevant, en recettes
comme en dépenses, à la somme annuelle de 6840 fr.
Parmi les recettes, 3840 fr. résultent du travail effec-

tif des élèves, et 3000 fr. sont alloués, savoir : 1500 par le ministre de l'agriculture, et 1500 par le conseil général.

Pour l'intelligence de ce budget, nous ferons observer à la partie des dépenses, 1° que les frais de ménage comprennent la nourriture, l'éclairage, le chauffage et le blanchissage, et 2° que l'allocation départementale représente la somme employée à l'achat des vêtements et à la distribution des récompenses. Au moyen de cette distribution, chaque élève a son compte courant établi sur un registre particulier; mais il ne peut disposer de son argent sans une autorisation spéciale du directeur.

Les légumes et le lait forment la base de la nourriture; quatre fois par semaine, un repas de viande avec la soupe grasse alterne les légumes; chacun a sa bouteille de cidre par jour.

Enfin nous terminerons ce résumé du travail si intéressant de M. Rieffel en disant avec lui que ses élèves vont en classe 4 heures en hiver et 3 heures en été: à la première époque, la classe a lieu le matin et le soir; à la seconde, c'est au milieu du jour. Comme on le pense bien, toutes les idées sont tournées vers l'agriculture, et tous les livres d'études traitent de l'économie rurale.

FIN.

www.ingramcontent.com/pod-product-compliance
Lightning Source LLC
Chambersburg PA
CBHW071455200326
41519CB00019B/5739